"十三五"国家重点出版物出版规划项目
材料科学研究与工程技术图书
石墨深加工技术与石墨烯材料系列

石墨烯电化学手册

THE HANDBOOK OF
GRAPHENE ELECTROCHEMISTRY

[英] DALE A. C. BROWNSON 著
[英] CRAIG E. BANKS

李芹　李雪姣　陈明华　译

哈尔滨工业大学出版社
HARBIN INSTITUTE OF TECHNOLOGY PRESS

内 容 简 介

本书概述了石墨烯的发展历史、制备及特性,并系统地介绍了石墨烯的电化学基础理论及石墨烯在电化学领域的应用,如传感器、超级电容器、锂离子电池等。

本书旨在向读者介绍电化学基础理论,这有助于读者使用石墨烯设计实验和解释实验现象;并且本书总结了关于石墨烯制备、石墨烯在电化学传感器以及能量存储生成装置应用方面的最新研究成果。

本书是从事石墨烯电化学领域研究和应用人员的必备参考书,也适用于对石墨烯材料感兴趣的非专业读者。

黑版贸审字 08-2019-149 号

Translation from the English language edition:
The Handbook of Graphene Electrochemistry
by Dale A. C. Brownson and Craig E. Banks
Copyright © Springer-Verlag London 2014
Springer is a part of Springer Nature
All Rights Reserved

图书在版编目(CIP)数据

石墨烯电化学手册/(英)戴尔·布朗森(Dale A. C. Brownson),(英)克雷格·班克斯(Craig E. Banks)著;李芹,李雪姣,陈明华译.—哈尔滨:哈尔滨工业大学出版社,2019.8
ISBN 978-7-5603-7321-8

Ⅰ.①石… Ⅱ.①戴… ②克… ③李… ④李… ⑤陈… Ⅲ.①石墨-纳米材料-电化学-手册 Ⅳ.①TB383-62

中国版本图书馆 CIP 数据核字(2018)第 076317 号

**材料科学与工程
图书工作室**

策划编辑	杨 桦 许雅莹 张秀华		
责任编辑	李长波 庞 雪 李春光		
封面设计	卞秉利		
出版发行	哈尔滨工业大学出版社		
社　　址	哈尔滨市南岗区复华四道街 10 号 邮编 150006		
传　　真	0451-86414749		
网　　址	http://hitpress.hit.edu.cn		
印　　刷	哈尔滨市石桥印务有限公司		
开　　本	660mm×980mm　1/16　印张 13.5　字数 240 千字		
版　　次	2019 年 8 月第 1 版　2019 年 8 月第 1 次印刷		
书　　号	ISBN 978-7-5603-7321-8		
定　　价	80.00 元		

(如因印装质量问题影响阅读,我社负责调换)

译者前言

石墨烯由于其独特的结构和优越的性能受到越来越多的关注。在电化学领域中,石墨烯被更加广泛地探讨,它有望成为世界上最薄的电极材料。

本书概述了石墨烯的发展历史、制备及特性,并系统地介绍了石墨烯的电化学基础理论及石墨烯在电化学领域的应用,如传感器、超级电容器、锂离子电池等。

本书是石墨烯领域的研究和应用人员以及相关专业的研究生非常亟需的参考书,将其翻译成中文是非常必要的。本书是从事石墨烯电化学领域研究和应用人员的必备参考书,也适用于对石墨烯材料感兴趣的非专业读者。

本书由齐鲁工业大学(山东省科学院)的李芹(材料科学与工程学院)与哈尔滨理工大学的李雪姣(材料科学与工程学院)和陈明华(应用科学学院)共同翻译。我们感谢在翻译过程中给予帮助的同事和学生,同时也感谢在翻译过程中家人所给予的理解和支持。

李芹翻译第 2 章、4.2 节、4.3 节以及附录 B、C;李雪姣翻译前言、第 1 章、4.1 节、附录 A 及第 3 章图表的注释;陈明华翻译第 3 章。

随着石墨烯在电化学领域的广泛应用,更多的石墨烯产品将在不久的将来出现,该领域有着深远的发展前景。

由于我们的水平有限,疏漏在所难免,欢迎读者随时提出宝贵的意见。

译 者
2019 年 6 月

前　言

　　石墨烯是由单层碳原子紧密堆积构成的二维平面结构的新型碳材料，具有独一无二的特殊性能，应用于众多科学领域。早在1940年，科学家们就从理论上研究过石墨烯，1960年确定其存在。2004～2005年，Geim和Novoselov采用"机械剥离法"制备了石墨烯，并确定了其独特的电学性质，自此掀起了石墨烯的研究热潮。与此同时，由于在合成石墨烯材料上的突破性贡献，Geim和Novoselov在2010年获得了诺贝尔物理学奖。全球的科学家们都致力于寻找一种工业化生产石墨烯以及其他石墨烯家族成员的简单方法。此外，科学家们还在致力于广泛开发石墨烯及相关结构在不同领域的应用，以期极大地提高器件的性能。

　　其中一个备受关注的领域是电化学领域，据报道，石墨烯在传感、能源存储和生产及碳基分子电子学等领域有着广泛的应用前景。

　　本书旨在向读者介绍电化学基础理论，这有助于读者使用石墨烯设计实验和解释实验现象；且本书综述了石墨烯的制备、石墨烯在电化学传感器方面的应用及对能源存储和生产领域的影响。

　　随着石墨烯在电化学领域的广泛应用，在不久的将来，更多的石墨烯产品将被制造出来，该领域有着广阔的发展前景。

Dale A. C. Brownson
Craig E. Banks
2014年3月

缩 略 语

k^0	标准电化学速率常数（异构电子转移反应）
ΔE_p	峰-峰距离
AFM	原子力显微镜
ASV	阳极溶出伏安法
BDD	掺硼金刚石
BPPG	基底平面热解石墨
CRM	有证标准物质
CNT	碳纳米管
CVD	化学气相沉积法
CV	循环伏安法（或循环伏安图）
DFT	密度泛函理论
DPV	微分脉冲伏安法
DOS	电子态密度
EDLC	电化学双层电容
EPPG	边缘平面热解石墨
FWHM	半高宽
GC	玻璃碳
GCP	石墨烯-纤维素膜
GNR	石墨烯纳米带
GNS	石墨烯纳米片
GO	氧化石墨烯
HOPG	高有序热解石墨
IUPAC	国际理论（化学）与应用化学联合会
LOD	检测限
LOQ	定量限
MFC	微生物燃料电池
MWCNT	多壁碳纳米管
NADH	β-烟酰胺腺嘌呤二核苷酸

ORR	氧还原反应
PBS	磷酸盐缓冲液
RGS	还原石墨烯片
SCE	饱和甘汞电极
SECM	扫描电化学显微镜
SEM	扫描电子显微镜
SHE	标准氢电极
SPE	丝网印刷电极
STM	扫描隧道显微镜
SWCNT	单壁碳纳米管
SWV	方波伏安法
TEM	透射电子显微镜
XPS	X射线光电子能谱

目　　录

第1章　石墨烯概述 ·············· 1
1.1　石墨烯的起源 ·············· 1
1.1.1　石墨烯简史 ·············· 1
1.1.2　石墨烯家族 ·············· 4
1.2　石墨烯的制备 ·············· 7
1.2.1　机械剥离法 ·············· 9
1.2.2　化学剥离法 ·············· 11
1.2.3　氧化石墨还原法 ·············· 12
1.2.4　其他制备方法 ·············· 12
1.2.5　CVD 制备法 ·············· 12
1.2.6　应用于电化学领域的石墨烯的制备 ·············· 17
1.3　石墨烯的特性 ·············· 18
本章参考文献 ·············· 19

第2章　电化学基础 ·············· 26
2.1　引言 ·············· 26
2.2　电极动力学 ·············· 32
2.3　质量迁移 ·············· 34
2.4　电极几何形状的变化：宏观到微观 ·············· 44
2.5　电化学机理 ·············· 47
2.6　pH 的影响 ·············· 51
2.7　伏安技术：计时电流 ·············· 53
2.8　伏安技术：微分脉冲伏安法 ·············· 58
2.9　伏安技术：方波伏安法 ·············· 62
2.10　伏安技术：溶出伏安法 ·············· 63
2.11　吸附 ·············· 66
2.12　电极材料 ·············· 70
本章参考文献 ·············· 71

第3章　石墨烯电化学 ·············· 75
3.1　石墨电化学基础 ·············· 75

  3.1.1 石墨材料的电子特性（DOS） ·················· 78
  3.1.2 异构石墨表面的电化学 ························ 80
 3.2 石墨烯的基本电化学性质 ···························· 89
  3.2.1 石墨烯作为异质电极表面 ······················ 91
  3.2.2 表面活性剂对石墨烯电化学性能的影响 ············ 105
  3.2.3 金属和碳质杂质对石墨烯电化学性能的影响 ······ 106
  3.2.4 改性石墨烯（N 掺杂）的电化学性能研究进展 ····· 107
  3.2.5 氧化石墨烯的电化学响应 ······················ 110
  3.2.6 CVD 法制备石墨烯的电化学表征 ················ 112
 本章参考文献 ·· 116

第 4 章　石墨烯的应用 ·· 127
 4.1 石墨烯的传感应用 ································· 127
 4.2 石墨烯在能源存储及生产领域的应用 ················ 142
  4.2.1 石墨烯超级电容器 ···························· 142
  4.2.2 石墨烯基电池/锂离子存储 ······················ 154
  4.2.3 能源生成 ···································· 162
 4.3 有关石墨烯的思考 ································· 168
 本章参考文献 ·· 169

作者介绍 ·· 181
附录 ··· 182
 附录 A 给诺贝尔奖评审委员会的信 ···················· 182
 附录 B 数据分析的相关概念 ···························· 188
 附录 C 石墨烯电化学工作者的实验技巧 ················ 202
 附录参考文献 ·· 203

第1章 石墨烯概述

本章首先探讨石墨烯在科学领域中的有趣故事,接着重点介绍石墨烯的不同制备方法,最后描述文献报道过的石墨烯出色的独特性质,这也是吸引科学家们研究石墨烯的关键。

1.1 石墨烯的起源

IUPAC(国际纯粹与应用化学联合会)定义石墨烯为石墨结构中单个的碳层,其性质可类似于准无限大小的多环芳族烃[1]。IUPAC 接着指出,石墨烯本质上是石墨层、碳层或碳薄片。石墨被定义为对化学元素碳的修饰,在碳原子构成的平面上,每个碳原子周围有三个近邻原子,构成蜂窝状结构,堆叠成三维有序结构,因此仅用单层来定义石墨烯是不准确的,会让人误以为包括三维结构。只有在讨论单层的反应、结构关系或性质时,才会用到石墨烯[1];图 1.1 所示为采用扫描电子显微镜(SEM)和透射电子显微镜(TEM)进行测试从而对石墨烯结构进行概念性的描述。

1.1.1 石墨烯简史

关于石墨烯的确切历史以及它在科学研究领域的出现都是十分有趣的。理论上,作为三维材料的重要一员,人们从 1940 年就开始了对石墨烯的研究[2-4]。1947 年,Philip Wallace 最早对石墨烯的电化学性能进行了报道[3],随后 Novoselov[5,6] 与 Zhang 等[7] 的报道掀起了石墨烯研究的热潮[8]。2004 年,Novoselov 等在硅片上制备了几层石墨烯晶体,观察其微观层结构,该方法简单但是耗时长[5]。接着,这种技术在全球范围被采用来制备大面积的单层石墨烯样品,进行二维尺度的传输研究[11]。2010 年,由于在二维石墨烯实验上的突破性进展,Geim 与 Novoselov 被授予诺贝尔物理学奖[12]。后来,de Heer 在 Novoselov 和 Geim 2004 年发表的文章中[11]发现了一个常见的错误,他向诺贝尔奖评审委员会写信指出了这个问题(见附录 A),de Heer 认为大多数的科学出版物都错误地引用了 2004 年的报告中关于"透明胶带法"和"石墨烯的独特电子特性"这两部分[11]。事实上,这个错误并非在 2004 年有关单层石墨烯的报道中出现[5],准确来讲是出现在 2005 年的报道中[6,11]。事实上在 2004 年观察到石墨薄膜和偶尔出现的单层石墨烯(见相关综述[8]和[13])以前,许多报道已经将石墨烯作为二维晶体材料来定义和表征了[11,14]。

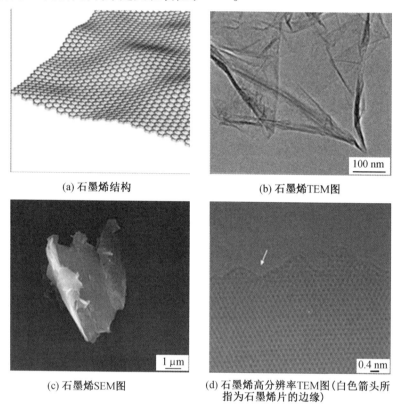

(a) 石墨烯结构　　　　　(b) 石墨烯TEM图

(c) 石墨烯SEM图　　　　(d) 石墨烯高分辨率TEM图(白色箭头所指为石墨烯片的边缘)

图 1.1　石墨烯结构的概念性描述

(要注意的是,在大部分工作中使用的石墨烯为纯石墨烯。(b)图和(d)图经 RSC 版权许可,转载自参考文献[8],(c)图经 Elsevier 版权许可,转载自参考文献[9])

Dreyer 等[13]曾详细列出石墨烯的合成和表征过程,图 1.2 和参考文献[13]所示为石墨烯从制备、分离到表征的发展过程的历史时间轴。值得注意的是,Boehm(贝姆)在 1962 年通过对石墨烯的观察疑似发现了独立石墨烯的存在,由于其存在的合理性,他在 1986 年创造了石墨烯这个名字[15-17]。Dreyer 等指出,在 1962 年的报告中 Boehm 分离出带有杂质原子污染的还原石墨烯,不是纯石墨烯[18],其电导率显著低于"透明胶带法"制备得到的纯石墨烯[17-20]。Boehm 等人关于石墨烯的研究工作是具有历史意义的,因为在2004年之前对于石墨烯的报道仅仅是观察,并没有描述石墨烯的任何独特性质[8,13]。2005年,Novoselov和Boehm对本征石墨烯的分离以及其特有性质的报道,掀起了石墨烯的研究热潮,带来了令人兴奋的新机遇。

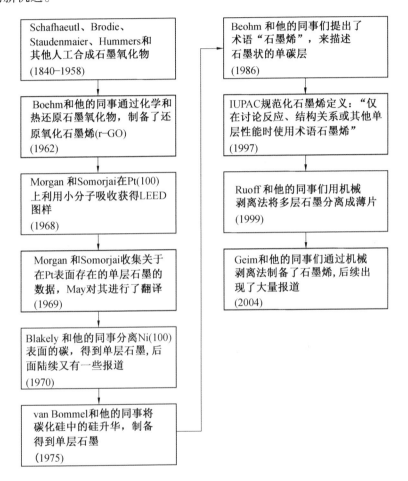

图1.2 石墨烯从制备、分离到表征的历史时间轴
(经Wiley版权许可,转载自参考文献[12])

早在2004年和2005年就有文献报道了石墨烯的许多其他的独特性能(见1.3节),同时在制备方面也有一系列重要的方法(见1.2节)[21-29]。石墨烯真正意义上让全世界的科学家充分发挥了想象力,它是一个广泛的和充满活力的研究领域,它的应用提高了人们对基础研究的认识,同时其出色的器件性能也被广泛应用到众多科学领域。

1.1.2 石墨烯家族

本征石墨烯是 sp^2 杂化的二维碳纳米结构[2,30]。同时,石墨烯是碳和富勒烯纳米材料家族的重要衍生物,它是同素异构结构的重要组成代表,被广泛应用于电极材料[2,30]。

石墨、富勒烯和石墨烯的原子结构基本相似,由六个紧密排列的碳原子构成六方晶格,每两个原子间距约为 0.142 nm[31]。另一方面,如图 1.3 所示,石墨烯作为"石墨家族的起源",例如在平面状态的单层石墨烯片可以通过"包裹"形成零维的 C_{60} 布基球,"卷起来"形成一维碳纳米管(根据碳层数量可以分为单壁碳纳米管和多壁碳纳米管,分别记为 SWCNTs 和 MWCNTs),多个石墨烯片又可以"堆叠"成三维石墨结构(一般多于 8 个石墨层组成,下面有详细说明),堆叠得到的石墨烯片/平面的间距为 0.335 nm,通过较弱的分子间作用力结合[31]。

需要注意的是,石墨烯结构本身(即其标准的本征结构为单碳/片的碳结构)通常被称为石墨烯纳米片(GNS),是一种可伸缩的准无限大尺寸的较大石墨烯片。同时存在不同结构的石墨烯,其中,石墨烯纳米带(GNRs)具有超薄宽度(50 nm)(请注意,也存在其他形状)[32],当石墨烯纳米带结构进一步变化(为双层、几层或多层的石墨烯片),2~7 层石墨烯片发生堆叠,这已经不属于石墨烯(为单碳层)或石墨(8 个或更多石墨烯层)结构,而是一种与两者性质不同的中间相,随后层数不断增加直到获得石墨结构[33-36];石墨烯/石墨的中间相被称为准石墨烯[37,38],因此为了更好地说明其性质,通常需要给出石墨烯的层数。当层数超过 8 层时,对电学性质和其他性质的影响都可以忽略不计,认为形成了石墨(通过拉曼光谱和扫描电化学电池显微镜(SECM)进一步确定)[33-36]。

很多文献报道了另一种常见的石墨烯,称为氧化石墨烯(GO)。GO 由单层石墨组成,在制备过程中发生氧化或自发接触空气而形成。通常 GO 在使用前要进行化学或者电化学还原(见 1.2.3 节)[41]。GO 的制备方法不同、氧化类型不同,最终得到的结构和数量都会不同,如图 1.4 所示。需要注意的是不同种类 GO 的氧化类型不同,其电化学性质存在显著差异。

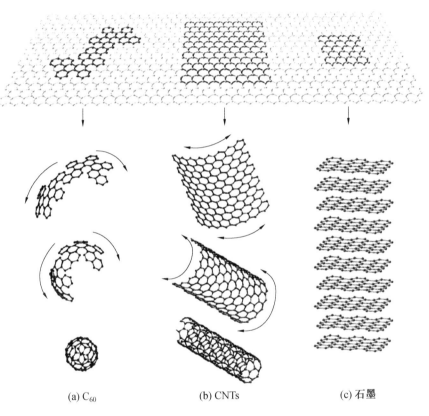

图1.3 所有石墨形式的起源(石墨烯图示)
(石墨烯是诸多富勒烯材料的起始原料,
经自然出版集团许可,转载自参考文献[2])

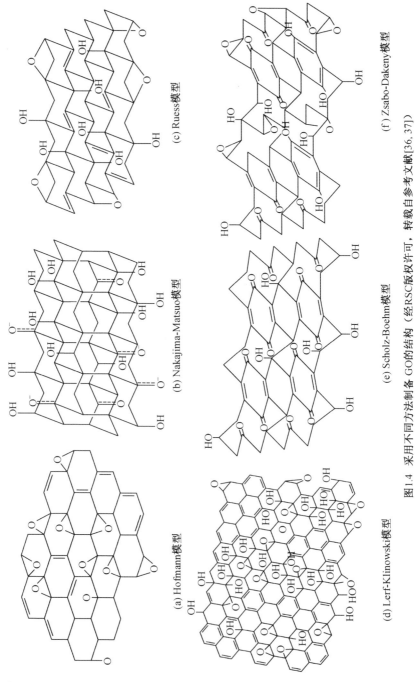

图1.4 采用不同方法制备GO的结构（经RSC版权许可，转载自参考文献[36, 37]）

1.2 石墨烯的制备

石墨烯的合成是当今重要研究课题,旨在寻找一种重复性较好的方法,可以制备得到高质量的单层石墨烯片,即具有高的比表面积和高产量。因此,采用一些物理和化学方法来制备石墨烯,包括机械或化学剥离法、CNT剪切法(或者通过电化学、化学或物理的方法)、化学气相沉积法(CVD)或外延生长法、GO的还原和其他有机合成方法[18,30,42-44];研究者们正在积极寻找新的简单方法来制备石墨烯。从合成质量(性质)、产量以及电化学应用方面来看,目前已知的合成方法都有其固有的优点和缺点,并不能单独采用一种方法制备石墨烯片,使其满足所有的潜在应用[30,44]。表1.1列出了电化学研究中几种制备石墨烯的方法,比较了它们的优缺点。

表1.1 电化学研究中几种石墨烯制备方法的比较

制备方法	石墨烯前驱体	反应条件	优点	缺点	应用前景	参考文献
机械剥离法	HOPG	Scotch胶带	直接、简单,高的结构性和电学质量,成本低	易碎且耗时久(几小时),产率低,重复性差,与黏合的胶带分离时可能会损坏样品	基础研究。高质量的单层石墨烯片,晶格缺陷密度极小,尺寸为 0.05 ~ 10 μm	[4,40,42]

续表1.1

制备方法	石墨烯前驱体	反应条件	优点	缺点	应用前景	参考文献
化学剥离法	石墨	在有机溶剂中或使用表面活性剂对石墨进行分散和剥离	直接、简单,产量高,成本低,高产率,样品处理后(液体悬浊液)实用性强	耗时久(几小时),不纯,从表面活性剂和溶剂中分离时可能会损坏样品	改变基底的常规石墨烯研究。通常是多层石墨烯,制备方法决定了其存在结构缺陷,尺寸为50~150 nm	[40-42,44,45]
GO还原法	石墨	石墨剥离氧化,随后还原剥离的石墨氧化物	灵活,产率高,成本低,出色的加工性,样品处理后(液体悬浊液)实用性强	间接反应,存在大量的结构缺陷,杂质的存在破坏了石墨烯的电学结构,石墨烯的还原不完全	改变基底的常规石墨烯研究。通常是多层石墨烯,制备方法决定了其存在结构缺陷,尺寸为50~150 nm	[29,40-42]

续表 1.1

制备方法	石墨烯前驱体	反应条件	优点	缺点	应用前景	参考文献
CVD 或外延生长法	碳氢化合物（主要）	CVD 发生在不同的温度和压力下（见表 1.2）	产量大,质量高,薄膜均匀,可按质量剪裁石墨烯（见表 1.2）	高温下反应,成本高,工艺复杂,产量不可控	基础和基本研究。高质量的单层石墨烯片,存在极小的晶格缺陷密度,石墨烯可根据设计需要剪裁得到特殊缺陷和杂质。层厚度和尺寸可变	[42, 46, 47]

注:①经 RSC 版权许可转载自参考文献 [43]

②缩写:CVD 是化学气相沉积法;GO 是石墨氧化物;HOPG 是高定向热解石墨

1.2.1 机械剥离法

上述方法中,机械剥离法是合成单层或几层石墨烯的最常用和有效的方法,也被称为"透明胶带法"[45]。如图 1.5 所示,D.I.Y. 石墨烯制备方法相对简单,过程包括采用玻璃纸基的胶布将石墨样品（HOPG）分开[5]。在开裂前重复剥离以形成可用于进一步研究的表面,在一定程度上控制石墨烯的层数;如图 1.5 和 1.6(a) 所示,目前单层石墨烯晶体通常通过几层和多层石墨烯晶体得到,因此分离石墨烯片层是一个困难并且耗时的工作。尽管如此,采用该方法分离得到单层石墨烯片,成本低、质量高[5,43],仍然是研究石墨烯物理性质的比较理想的制备方法,同时它的一些缺点诸如较差的重复性、低屈服率、密集劳动过程等,使得该方法很难用于批量生产,而主要用于基础研究[43]。而且,该方法制备得到的石墨片尺寸较小,最大为 1 mm,如图 1.6(b)所示。这个方法的另一个缺点是由于使用玻璃纸基胶带,可能会对石墨样品造成损害(破坏基底表面,即产生边缘位点/缺陷)及污染,而不利于对本征石墨烯电化学性质的研究。

图 1.5 D.I.Y.石墨烯:如何用胶带制备一个原子厚度的碳层
(J. R. Minkel,经《科学》美国 2008 版权许可,转载自参考文献[30])

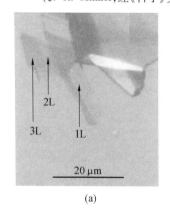
(a)

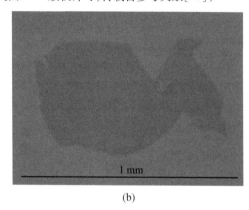
(b)

图 1.6 200×物镜下的薄片观察

D. I. Y. 石墨烯制备方法:

(1)在干净的环境中工作;采用泥土或头发将石墨烯样品打散。

(2)制备一个氧化硅片,用于在显微镜下观察石墨烯片层。剖光表面,获得石墨烯,并全面清洁,涂上盐酸和过氧化氢的混合物。

(3)用镊子将石墨片贴到6 in(英寸,1 in=2.54 cm)长的塑料胶带上。将胶带边缘以45°角折叠,石墨存在于胶带中间形成三明治结构。小心按压,缓慢剥离胶带部分,可以观察到石墨顺利地裂成了两部分。

(4)重复第(3)步大约十次。随着折叠次数的增加,这个过程变得越来越难。

(5)小心地将粘着胶带裂开的石墨样品放于 SiO_2 上。用塑料镊子小心地挤出胶带与样品间的空气。在样品上方轻轻地固定镊子10 min。用镊子保持薄片在表面的同时慢慢撕掉胶带。这一步用时30~60 s,以防止制备得到的石墨分解。

(6)采用50×或100×的物镜来观察薄片。可以看到许多石墨碎片,有大的、不同形状和颜色的闪亮的块(图1.5),如果幸运的话,还能观察到高透明度、高结晶度的石墨烯,颜色上与薄片其他部分基本无色差(图1.6)。图1.5放大倍数为115×,图1.6放大倍数为200×。图1.6(a)为分散在硅片上的单层、双层和三层石墨烯(分别标记为1L、2L和3L)的光学显微照片,其中硅片上覆盖有300 nm厚的 SiO_2 层[48](转载自参考文献[48],经Elsevier版权许可)。图1.6(b)为机械剥离法制备的单层石墨烯,置于Si/ SiO_2 薄片上[49]。

1.2.2 化学剥离法

化学剥离法是一种生产方便、产率较高、成本相对较低的石墨烯制备方法[43],在离心之前,在溶液和夹层步骤要进行超声处理。举例来说,一种超声的步骤是使用胆酸钠水溶液作为表面活性剂[48],在每个石墨片层的边缘形成稳定的封装层。石墨片分散在水溶液中,超声得到单层石墨,最终形成石墨烯复合物,其浮力密度随石墨厚度的不同而改变[48,53]。将超声后的溶液离心,形成石墨烯的"序列",得到并入石墨烯样品中的石墨和多层石墨烯样品的片段,其中上清液的上半部分为漂浮在溶液中的单层石墨烯,随后采用移液管将上清液逐滴滴到表面上,待进一步研究[48]。该法制备得到的石墨烯可以在市场上购买到[53,54]。该方法在许多不加添加剂的有机溶剂中也是可行的,因为有机溶剂与石墨具有较强的吸引力,通过超声搅拌提供能量使石墨前驱体分裂[24]。超声分离法成功的关键在于溶剂、活性剂以及超声频率、振幅和时间的选择[47]。使用机械剥离法得到的石墨烯质量都不高(制备过程中超声会破坏石墨烯的结构,从而形成高的缺陷密度),另外石墨烯片层间的均匀性较差[43],残余石墨杂质。需要注意的是,使用机械剥离法制备的材料会残留去角质剂。这些杂质将会影响观察石墨烯的电化学特征以及石墨烯样品的性能[50-52]（3.2.2节和3.3.3节有详细介绍）。

1.2.3 氧化石墨还原法

氧化石墨还原法是另一种制备石墨烯的常用方法[30,43]。GO是通过石墨氧化物制备的,而石墨氧化物又可采用多种不同方法合成。例如采用Hummers法,该方法是将石墨浸泡于硫酸和高锰酸钾溶液中来制备氧化石墨[43,55]。随后对石墨氧化物搅拌或超声,可以得到单层GO,GO表面的亲水官能团使其可分散在水基溶液中。最终,采用化学法、热法或电化学法还原GO,得到石墨烯[42,43]。大部分石墨烯都是通过电化学法还原GO(指"还原GO"或"化学修饰石墨烯")制备的,这种方法制备得到的石墨烯具有大量的结构缺陷(边缘位点/缺陷)[18,56],同时留下一些官能团而形成部分功能化石墨烯(非本征石墨烯),影响电化学性质(见3.2.5节)。该方法的优点是可以定量、耗时短、成本低,另外液体悬浊液易于操作[44];缺点是石墨烯为部分还原得到的,还原后会存在一些石墨杂质,会对样品产生其他影响。

1.2.4 其他制备方法

最近研究出了一种较经济的一步基底自由气相合成法来制备本征石墨烯[9,27,57]。该一步法是将液体乙醇与氩气混合的气凝胶直接注入微波生成的氩气等离子体中(在大气压力下),时间控制在0.1 s内,乙醇液滴发生蒸发和游离,等离子体最终形成固体物质,采用透射电子显微镜(TEM)和拉曼光谱表征,发现合成了纯净、高度有序的石墨片,其质量与采用机械剥离法制备的HOPG相似。作为市场用石墨烯,在提供给供应商前要先将石墨烯片在乙醇中超声,形成均匀悬浊液[57]。这种制备方法说明在不使用三维材料作为前驱体或者基底的情况下,也可以制备大量石墨烯,具有市场的潜在应用性。

1.2.5 CVD制备法

CVD法是制备石墨烯最有趣的方法之一。该方法制备得到的石墨烯片形貌均匀,具有较高的结晶性、较大的比表面积和良好的电化学性能,易于批量生产,实际应用广泛[58,59]。另外,CVD法制备的石墨烯通常在(合适的和匹配的)固体基底上生长,位置和方向均可控,有利于实际应用。据一些文献报道,该方法可以解决溶液基石墨烯片的位置可控问题,防止除去溶液后形成本体石墨[46]。CVD法的基本原理是高温高压下降解碳原料,提供碳源,通过重组形成sp^2型碳。该过程通常需要加入催化剂促使反应完成[43],石墨烯的生长过程中,以碳氢化合物气体作为前驱体,目前为止最成功的催化剂是过渡金属表面(如镍和铜)[49]。图1.7所示为在铜催化剂作用下采用CVD法制备石墨烯的三个阶段。

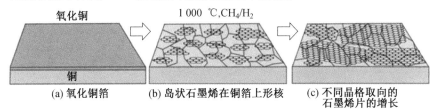

(a) 氧化铜箔　　(b) 岛状石墨烯在铜箔上形核　　(c) 不同晶格取向的石墨烯片的增长

图1.7　采用CVD法在铜片上生长石墨烯的三个阶段示意图
(经RSC版权许可,转载自参考文献[57])

自从在铜上成功沉积得到均匀的单层石墨烯,科学家们进一步试图在铜催化下用CVD法合成石墨烯[60]。研究发现,形成石墨烯的最适合的催化剂是一些过渡金属元素,它们与碳之间的吸引力较弱,形成弱键,碳可在其表面稳定存在[60]。有趣的是,CVD法制备石墨烯用到的过渡金属元素中,铜与碳之间的吸引力是最弱的(没有形成任何碳化物的相),比起Co和Ni,Cu的碳溶解度较低(Cu在1 840 ℃时的溶解度为0.001% ~ 0.008%(此处溶解度指质量分数,下同),Ni在1 326 ℃时的溶解度为0.6%,Co在1 320 ℃时的溶解度为0.9%)[60]。铜不易与碳反应是因为它具有填满的3d电子层$\{[Ar]3d^{10}4s^1\}$及最稳定的电子排布(沿着半填满的$3d^5$层),这样的电子排布是对称的,将电子互斥降到最低[60]。因此铜与碳之间通过sp^2轨道杂化,碳的π电子向铜的4s态迁移而形成软化学键[60]。由于这种特殊的软化学键键合,铜被一些教科书定义为一种制备石墨烯的真正催化剂(比起Co和Ni的$3d^7$和$3d^8$轨道形成的不稳定电子排布(Fe),Cu是最稳定的)[60]。同时,为了获得大片的石墨烯,通常要对过渡金属催化剂箔片进行预处理,这是十分重要的。参考文献[46]和[60]给出了详细说明,有兴趣的读者可以进一步了解。

最近的开创性工作是采用甲烷作为前驱体,采用低压CVD法在铜箔上合成了尺寸超过0.5 mm的石墨烯单晶[61]。低能电子显微分析表明,大块的石墨烯为单一晶体取向,极个别为两个取向[61]。拉曼光谱也揭示出石墨烯晶体为低D带密度的均匀单层[61]。图1.8所示为制备得到石墨烯样品的 SEM 图,这项工作首次报道合成了高质量的大晶粒尺寸的石墨烯单晶。然而,最近采用 CVD 法在铜箔(特别是镍)[46]上合成的石墨烯大部分是几层或者多层的,为多晶结构,同时在与基底的晶界处机械结合力较弱(电学性质可变)。这些位点源于石墨烯的表面缺陷(石墨杂质),这些缺陷会显著影响到石墨烯薄膜的电化学性质[46]。CVD 法的一个主要优点是在合成过程中,可以通过改变反应条件获得不同的石墨烯结构,形成不同的表面组成/结构[46],影响其电化学性能,见表 1.2 和图 1.9 所示的例子。

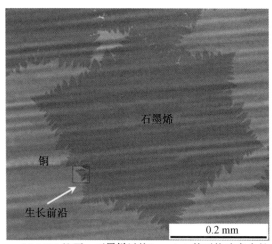

(a) 1 035 ℃下,石墨烯以约6 μm/min的平均速率生长

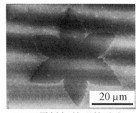

(b) 石墨烯初始形核阶段　　(c) 图(a)中箭头所示的高表面能的石墨烯生长前沿

图 1.8　采用 CVD 法在 Cu 上生长石墨烯的 SEM 图
(转载自参考文献[58],2011ACS 版权所有)

此外,采用 CVD 法制备的 CNTs,金属杂质是隐藏其中的造成许多分析物电化学活动的源头,这是 CVD 法固有的,金属杂质含量会因不同批次和操作差异而发生很大变化,例如制备 CNT 基底的传感器和储能设备[66]。因此,通过 CVD 可控实验制备石墨烯需要确定金属杂质的缺陷量。另外,需要给出底层金属基底/催化剂的可能分布(出现不完全石墨烯层的位置

请见3.2.6节),因此我们希望找到非金属作为CVD法的催化剂来克服上述问题,同时将制备得到的石墨烯转移到一种更适合的绝缘基底上是十分必要且可行的[46, 59]。

表1.2 CVD法制备方案/实验条件以及最终产物石墨烯质量的对比

基底/催化剂	温度/℃	反应气体混合物(前驱体)	反应时间	特殊条件	石墨烯晶粒尺寸	石墨烯层的厚度	石墨烯质量	参考文献
Ni	1 000 ℃,冷却速率约为10 ℃·s^{-1}	在1标准(cm^3/min)室压下,V_{CH_4}:V_{H_2}:V_{Ar} = 50:65:200	7 min	厚度小于300 nm的Ni沉积于Si/SiO$_2$基底上。对Ni基底先进行退火预处理	≤20 μm	1~12层	高质量的多晶表面,小的晶粒尺寸,多层石墨烯结构,在石墨烯薄膜中具有非常多的边缘平面表面缺陷	[60]
Ni	1 000 ℃,冷却速率约为100 ℃·min^{-1}	室压下CH$_4$为10 cm^3·min^{-1},H$_2$为1 400 cm^3·min^{-1}	5 min	500 nm厚的Ni沉积于Si/SiO$_2$基底上。对Ni基底先进行退火预处理	3~20 μm	1、2或多层石墨烯覆盖薄膜87%的区域,单层覆盖范围为5%~11%	高质量的多晶表面,小的晶粒尺寸,表面覆盖几层岛状的石墨烯,具有非常多的边缘平面表面缺陷	[61]

续表1.2

基底/催化剂	温度/℃	反应气体混合物（前驱体）	反应时间	特殊条件	石墨烯晶粒尺寸	石墨烯层的厚度	石墨烯质量	参考文献
Cu	800 ℃，冷却速率不定	H_2/CH_4 为 5 $cm^3 \cdot min^{-1}$，局部压力为 51 996 Pa（Ar 为 80 $cm^3 \cdot min^{-1}$，133.322 Pa）	10 min	Cu 箔片（厚 206 nm）	约 10 μm	1、2 和 3 层	在晶界处和不稳定的多层石墨烯区域，存在几种晶体学取向及边缘缺陷	[62,63,65]
Cu	1 000 ℃，冷却速率为 40～300 ℃·min^{-1}	H_2/CH_4 为 6 $cm^3 \cdot min^{-1}$，局部压力为 66.661 Pa	<3 min	Cu 箔片（厚 25 μm）	10 μm	约 95% 为单层	约 5% 多层石墨烯在晶界处存在几种晶向和缺陷	[46]
Cu	约 1 035 ℃，冷却速率不定	通 CH_4，局部压力分别低于 1 $cm^3 \cdot min^{-1}$ 和 6.67 Pa	>1 h	Cu 箔片（厚 25 μm）外部使用	0.5 mm	单层	晶体取向单一，高纯度、没有缺陷的石墨烯单晶	[58]

注：经 RSC 版权许可，转载自参考文献[43]

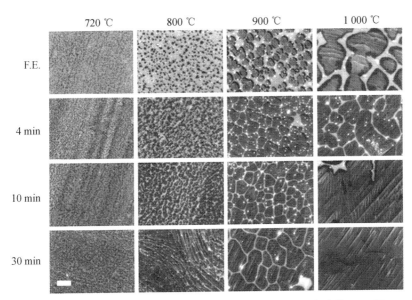

图1.9 不同温度和时间下石墨烯在Cu上成核生长过程的高分辨SEM图（黑色的区域可与裸露的铜表面区分,从CVD生长系统里拿出后,Cu会在空气中迅速氧化。经2012 ACS版权许可,转载自参考文献[59]）

1.2.6 应用于电化学领域的石墨烯的制备

很多有趣的应用都要求石墨烯为单层石墨烯,在合适的基底上生长,同时覆盖范围可控,具有一定的操作性/定位,而这些是很难做到的。

采用"溶液-化学"法制备石墨烯,产量高、操作性强,在电化学方面应用广泛[45]。该方法中,将分散到溶液中的石墨烯置于合适的表面上蒸发,蒸发后留下的石墨烯待进一步实验用。此法十分温和,缺点是表面不稳定,重复性和残余石墨烯的覆盖范围及质量具有不确定性,可能与真正的单层本征石墨烯存在一定差异（即石墨杂质）。因此,后续应用时要先对石墨烯进行表征[44]。但是这仍然是研究石墨烯电化学性能的有效方法。

未来的研究重点是采用单晶基底CVD法生长石墨烯,严格控制实验条件,以期得到高纯度、无污染、尺寸可控（或依照顾客要求有选择地制备杂质石墨烯）[46]的单层石墨烯晶体,向市场推广。这些改进有益于石墨烯的电化学应用。非常重要的一点是,石墨烯的结构特性和（或与）组成与制备方法密切相关,在进行电化学应用前都要对其进行完全的表征,以避免实验数据造成的误差。此外,石墨烯命名时应该涉及它的制备方法,例如Staudenmaier热还原GO、Hummers产石墨烯等。

1.3 石墨烯的特性

2005年有研究人员成功实现了石墨烯的分离,并报道了其出色的电化学性质,随后掀起了研究石墨烯各种性质的热潮。表1.3总结了一些到目前为止报道的石墨烯的突出性质,石墨烯被誉为"当今最薄、最灵活、最具实力的材料"。

表1.3 一些报道的石墨烯性质

性质	参数	参考文献
光透过率	97.7%	[39,64]
电子迁移率	200 000 $cm^2 \cdot V^{-1} \cdot s^{-1}$	[39,64]
热导率	5 000 $W \cdot m^{-1} \cdot K^{-1}$	[39,64]
比表面积	2 630 $m^2 \cdot g^{-1}$	[39,64]
断裂强度	42 $N \cdot m^{-1}$	[39,64]
弹性模量	0.25 TPa	[39]

石墨烯激发了科学家们的想象力,是如今十分活跃的研究领域,不仅在电化学领域,在能源存储和生成领域也有许多优异表现。

碳材料已经在分析与工业电化学领域得到了广泛应用,性能出色,优于传统材料。其多样性和成功性源自碳的同质多晶结构、良好的化学稳定性、低成本、较宽的电压范围、相对惰性的电化学性能以及丰富的表面化学电位和电催化活动,能发生许多氧化还原反应[30,67,68]。

当讨论某种应用广泛的电极材料的电化学性能时,石墨烯的"理论优点"变得十分明显。电极材料的主要特征是它的表面积,这对于能量存储、生物催化装置和传感器领域的应用十分重要。石墨烯的理论表面积是2 630 $m^2 \cdot g^{-1}$,高于石墨(约为10 $m^2 \cdot g^{-1}$),约是CNTs(1 315 $m^2 \cdot g^{-1}$)的两倍[69]。电导率计算值约为64 $mS \cdot cm^{-1}$,大约是SWCNTs的60倍[10,70]。而且石墨烯的电导率在相当大的温度范围内,甚至在液氮温度时依然保持稳定,这种稳定性对于很多应用都十分重要[2]。更有趣的是,石墨烯的能带结构与其类似物不同,其中的准粒子在形式上与无质量的狄拉克-费米子相同。在室温下进一步测得石墨烯的绝对电子质量是量子霍耳效应的半整数倍,以有效光速作为其费米速率,$v_F \approx 10^6 \, m \cdot s^{-1}$ [71-73]。结果是在悬浮石墨烯中获得超高的电子迁移率[72,74],据报道在室温下电子迁移率超过 200 000 $cm^2 \cdot V^{-1} \cdot s^{-1}$。相比之下,电子在硅中的迁移率最大,高达 1 000 $cm^2 \cdot V^{-1} \cdot s^{-1}$,为石墨烯的 200 倍[30]。石墨烯的特性表明它本身具有双极化电场效应;电荷载流子在电子与空穴间连续移动,在高浓度的电掺杂和化学掺杂的器件中电子迁移率也高,为亚微米级的弹道传递。以上表明石墨烯可以用作通道材料,制备超高速运行且电功耗低的晶体管[73]。

由于石墨烯的独特性能,我们推测 GNS 可用于大电流传输[73],理论上它的电子迁移速率将高于石墨和 CNTs。而且,石墨烯(和其他二维材料)的快速电子传输性能是非连续的,但是具有较高的晶体质量,这使得石墨烯电荷载流子可以传递几千个内部原子的距离,而不发生逃逸[2]。

石墨烯拥有其他不同维数碳的同素异形体以及电极材料无法比拟的优异性能,因此理论上的石墨烯是一种理想的电极材料,在许多电化学领域都有潜在应用,在接下来的章节中我们会详细讨论。

本章参考文献

[1] FITZER E, KOCHLING K H, BOEHM H, et al. Recommended terminology for the description of carbon as a solid (IUPAC Recommendations 1995)[J]. Pure and Applied Chemistry, 1995, 67(3):473-506.

[2] GEIM A K, NOVOSELOV K S. The rise of graphene[J]. Nature Materials, 2007, 6(3):183-191.

[3] WALLACE P R. The band theory of graphite[J]. Physical Review, 1947, 71(9):622.

[4] BROWNSON D A, KAMPOURIS D K, BANKS C E. Graphene electrochemistry: fundamental concepts through to prominent applications[J]. Chemical Society Reviews, 2012, 41(21):6944-6976.

[5] NOVOSELOV K S, GEIM A K, MOROZOV S V, et al. Electric field effect in atomically thin carbon films[J]. Science, 2004, 306(5696):666-669.

[6] NOVOSELOV K S, JIANG D, SCHEDIN F, et al. Two-dimensional atomic crystals[J]. Proceedings of the National Academy of Sciences of the United States of America, 2005, 102(30):10451-10453.

[7] ZHANG Y, TAN Y W, STORMER H L, et al. Experimental observation of the quantum Hall effect and Berry's phase in graphene[J]. Nature, 2005,

438(7065):201-204.

[8] GEIM A. Graphene prehistory[J]. Physica Scripta, 2012, 2012(2012): 014003.

[9] DATO A, LEE Z, JEON K J, et al. Clean and highly ordered graphene synthesized in the gas phase[J]. Chemical Communications, 2009(40): 6095-6097.

[10] LIU C, ALWARAPPAN S, CHEN Z F, et al. Membraneless enzymatic biofuel cells based on graphene nanosheets[J]. Biosensors and Bioelectronics, 2010, 25(7):1829-1833.

[11] REICH E S. Nobel document triggers debate: critics say that explanation of the 2010 award in physics slights other contributions to graphene research[J]. Nature, 2010, 468(7323):486-487.

[12] The 2010 nobel prize in physics—press release, Nobelprize.org. http://www.nobelprize.org/nobel_prizes/physics/laureates/2010/press.html, 2012-02-28.

[13] DREYER D R, RUOFF R S, BIELAWSKI C W. From conception to realization: an historial account of graphene and some perspectives for its future[J]. Angewandte Chemie, 2010, 49(49):9336-9344.

[14] GALL N R, RUT'KOV E V, TONTEGODE A Y. Two dimensional graphite films on metals and their intercalation[J]. International Journal of Modern Physics B, 1997, 11(16):1865-1911.

[15] CLAUSS A, FISCHER G, HOFMANN U. Dünnste kohlenstoff-folien [J]. Zeitschrift Für Naturforschung B, 1962, 17(3):150-153.

[16] BOEHM H P, SETTON R, STUMPP E. Nomenclature and terminology of graphite intercalation compounds[J]. Carbon, 1986, 24(2):241-245.

[17] BOEHM H P. Graphene—how a laboratory curiosity suddenly became extremely interesting [J]. Angewandte Chemie International Edition, 2010, 49(49):9332-9335.

[18] PARK S, RUOFF R S. Chemical methods for the production of graphenes [J]. Nature Nanotechnology, 2009, 4(4):217-224.

[19] STANKOVICH S, PINER R D, CHEN X, et al. Stable aqueous dispersions of graphitic nanoplatelets via the reduction of exfoliated graphite oxide in the presence of poly (sodium 4-styrenesulfonate)[J]. Journal of Materials Chemistry, 2006, 16(2):155-158.

[20] SHIN H J, KIM K K, BENAYAD A, et al. Efficient reduction of graphite oxide by sodium borohydride and its effect on electrical conductance[J]. Advanced Functional Materials, 2009, 19(12): 1987-1992.

[21] LIU L H, YAN M. A simple method for the covalent immobilization of graphene[J]. Nano Letters, 2009, 9(9): 3375.

[22] BERGER C, SONG Z M, LI X B, et al. Electronic confinement and coherence in patterned epitaxial graphene[J]. Science, 2006, 312(5777): 1191-1196.

[23] LI X, WANG X, ZHANG L, et al. Chemically derived, ultrasmooth graphene nanoribbon semiconductors[J]. Science, 2008, 319(5867): 1229-1232.

[24] HERNANDEZ Y, NICOLOSI V, LOTYA M, et al. High-yield production of graphene by liquid-phase exfoliation of graphite[J]. Nature Nanotechnology, 2008, 3(9): 563-568.

[25] STANKOVICH S, DIKIN D A, DOMMETT G H B, et al. Graphene-based composite materials[J]. Nature, 2006, 442(7100): 282-286.

[26] WU J S, PISULA W, MÜLLEN K. Graphenes as potential material for electronics[J]. Chemical Reviews, 2007, 107(3): 718-747.

[27] DATO A, RADMILOVIC V, LEE Z, et al. Substrate-free gas-phase synthesis of graphene sheets[J]. Nano Lett., 2008, 8: 2012-2016.

[28] VALLÉS C, DRUMMOND C, SAADAOUI H, et al. Solutions of negatively charged graphene sheets and ribbons[J]. Journal of the American Chemical Society, 2008, 130(47): 15802-15804.

[29] SUTTER P W, FLEGE J I, SUTTER E A. Epitaxial graphene on ruthenium[J]. Nature Materials, 2008, 7(5): 406-411.

[30] BROWNSON D A C, BANKS C E. Graphene electrochemistry: an overview of potential applications[J]. Analyst, 2010, 135(11): 2768-2778.

[31] GEIM A K, KIM P. Carbon wonderland[J]. Scientific American, 2008, 298(4): 90-97.

[32] MOHANTY N, MOORE D, XU Z, et al. Nanotomy-based production of transferable and dispersible graphene nanostructures of controlled shape and size[J]. Nature Communications, 2012(7): 844.

[33] YOON D, MOON H, CHEONG H, et al. Variations in the Raman spectrum as a function of the number of graphene layers[J]. J. Korean Phys.

Soc., 2009, 55(3):1299-1303.
[34] GRAF D, MOLITOR F, ENSSLIN K, et al. Spatially resolved Raman spectroscopy of single-and few-layer graphene[J]. Nano Letters, 2007, 7(2):238-242.
[35] FERRARI A C. Raman spectroscopy of graphene and graphite: disorder, electron-phonon coupling, doping and nonadiabatic effects[J]. Solid State Communications, 2007, 143(1):47-57.
[36] GÜELL A G, EBEJER N, SNOWDEN M E, et al. Structural correlations in heterogeneous electron transfer at monolayer and multilayer graphene electrodes[J]. Journal of the American Chemical Society, 2012, 134(17):7258-7261.
[37] BROWNSON D A C, FIGUEIREDO-FILHO L C S, JI X B, et al. Free-standing three-dimensional graphene foam gives rise to beneficial electrochemical signatures within non-aqueous media[J]. Journal of Materials Chemistry A, 2013, 1(19):5962-5972.
[38] BROWNSON D A C, VAREY S A, HUSSAIN F, et al. Electrochemical properties of CVD grown pristine graphene: monolayer-vs. quasi-graphene [J]. Nanoscale, 2014, 6(3):1607-1621.
[39] MAO S, PU H H, CHEN J H. Graphene oxide and its reduction: modeling and experimental progress[J]. RSC Advances, 2012, 2(7):2643-2662.
[40] DREYER D R, PARK S, BIELAWSKI C W, et al. The chemistry of graphene oxide[J]. Chemical Society Reviews, 2010, 39(1):228-240.
[41] GUO H L, WANG X F, QIAN Q Y, et al. A green approach to the synthesis of graphene nanosheets[J]. ACS Nano, 2009, 3(9):2653-2659.
[42] ZHU Y, MURALI S, CAI W, et al. Graphene and graphene oxide: synthesis, properties and applications[J]. Advanced Materials, 2010, 22(35):3906-3924.
[43] RÜMMELI M H, ROCHA C G, ORTMANN F, et al. Graphene: piecing it together[J]. Advanced Materials, 2011, 23(39):4471-4490.
[44] SOLDANO C, MAHMOOD A, DUJARDIN E. Production, properties and potential of graphene[J]. Carbon, 2010, 48(8):2127-2150.
[45] CHEN D, TANG L H, LI J H. Graphene-based materials in electrochemistry[J]. Chemical Society Reviews, 2010, 39(8):3157-3180.

[46] BROWNSON D A C, BANKS C E. The electrochemistry of CVD graphene: progress and prospects[J]. Physical Chemistry Chemical Physics, 2012,14(23):8264-8281.

[47] KHAN U, NEILL A O, LOTYA M, et al. High-concentration solvent exfoliation of graphene[J]. Small, 2010,6(7):864-871.

[48] LOTYA M, KING P J, KHAN U, et al. High-concentration, surfactant-stabilized graphene dispersions[J]. ACS Nano, 2010,4(6):3155-3162.

[49] LI X S, CAI W W, COLOMBO L, et al. Evolution of graphene growth on Ni and Cu by carbon isotope labeling[J]. Nano Letters, 2009,9(12): 4268-4272.

[50] CHEN X M, WU G H, JIANG Y Q, et al. Graphene and graphene-based nanomaterials: the promising materials for bright future of electroanalytical chemistry[J]. Analyst, 2011,136(22):4631-4640.

[51] PARK J S, REINA A, SAITO R, et al. G'band Raman spectra of single, double and triple layer graphene[J]. Carbon, 2009,47(5):1303-1310.

[52] COOPER D R, D'ANJOU B, GHATTAMANENI N, et al. Experimental review of graphene[J]. ISRN Condensed Matter Physics, 2014, 2012 (1):1-56.

[53] GREEN A A, HERSAM M C. Solution phase production of graphene with controlled thickness via density differentiation[J]. Nano Letters, 2009, 9(12):4031-4036.

[54] http://www.nanointegris.com,2012-02-28.

[55] HUMMERS JR W S, OFFEMAN R E. Preparation of graphitic oxide[J]. Journal of the American Chemical Society, 1958,80(6):1339.

[56] SHAO Y Y, WANG J, WU H, et al. Graphene based electrochemical sensors and biosensors: a review[J]. Electroanalysis, 2010,22(10): 1027-1036.

[57] http://www.graphene-supermarket.com,2012-02-28.

[58] REINA A, JIA X, HO J, et al. Large area, few-layer graphene films on arbitrary substrates by chemical vapor deposition[J]. Nano Letters, 2008,9(1):30-35.

[59] LI X S, ZHU Y W, CAI W W, et al. Transfer of large-area graphene films for high-performance transparent conductive electrodes[J]. Nano Letters, 2009,9(12):4359-4363.

[60] MATTEVI C, KIM H, CHHOWALLA M. A review of chemical vapour deposition of graphene on copper[J]. Journal of Materials Chemistry, 2011,21(10):3324-3334.

[61] LI X S, MAGNUSON C W, VENUGOPAL A, et al. Large-area graphene single crystals grown by low-pressure chemical vapor deposition of methane on copper[J]. Journal of the American Chemical Society, 2011,133(9):2816-2819.

[62] KIM H, MATTEVI C, CALVO M R, et al. Activation energy paths for graphene nucleation and growth on Cu[J]. ACS Nano, 2012,6(4):3614-3623.

[63] KIM K S, ZHAO Y, JANG H, et al. Large-scale pattern growth of graphene films for stretchable transparent electrodes[J]. Nature, 2009,457(7230):706-710.

[64] REINA A, THIELE S, JIA X, et al. Growth of large-area single-and bi-layer graphene by controlled carbon precipitation on polycrystalline Ni surfaces[J]. Nano Research, 2009,2(6):509-516.

[65] LEE Y H. Scalable growth of free-standing graphene wafers with copper (Cu) catalyst on SiO_2/Si substrate: thermal conductivity of the wafers[J]. Applied Physics Letters, 2010,96(8):083101.

[66] JONES C, JURKSCHAT K, CROSSLEY A, et al. Multi-walled carbon nanotube modified basal plane pyrolytic graphite electrodes: exploring heterogeneity, electro-catalysis and highlighting batch to batch variation[J]. Journal of the Iranian Chemical Society, 2008,5(2):279-285.

[67] COTE L J, KIM J, TUNG V C, et al. Graphene oxide as surfactant sheets[J]. Pure and Applied Chemistry, 2011,83(1):95-110.

[68] MCCREERY R L. Advanced carbon electrode materials for molecular electrochemistry[J]. Chem. Rev., 2008,108(7):2646-2687.

[69] PUMERA M. Electrochemistry of graphene: new horizons for sensing and energy storage[J]. The Chemical Record, 2009,9(4):211-223.

[70] WANG X, ZHI L, MÜLLEN K. Transparent, conductive graphene electrodes for dye-sensitized solar cells[J]. Nano Letters, 2008,8(1):323-327.

[71] SOODCHOMSHOM B. Switching effect in a gapped graphene d-wave superconductor structure[J]. Physica B: Condensed Matter, 2010,405

(5):1383-1387.
[72] HEERSCHE H B, JARILLO-HERRERO P, OOSTINGA J B, et al. Bipolar supercurrent in graphene[J]. Nature, 2007, 446(7131):56-59.
[73] SATO S, HARADA N, KONDO D, et al. Graphene—Novel material for nanoelectronics[J]. Sci. Tech., 2010, 46(1):103-110.
[74] BOLOTIN K I, SIKES K, JIANG Z, et al. Ultrahigh electron mobility in suspended graphene[J]. Solid State Communications, 2008, 146(9-10): 351-355.

第2章 电化学基础

本章介绍电化学相关的理论知识,有助于读者在后续章节中更好地理解石墨烯作为电极材料的应用。

2.1 引　　言

理学专业的学生对于法拉第定律和电极电势都很熟悉,电化学反应涉及带电粒子,带电粒子存在于不同相中,其能量主要取决于相电势。比如,下面这个简单的氧化还原反应:

$$O(aq) + ne^-(m) \underset{k_{ax}}{\overset{k_{red}}{\rightleftharpoons}} R^{n-}(aq) \tag{2.1}$$

其中,O 和 R 分别是溶液中氧化还原电对的氧化性物质和还原性物质;方程(2.1)描述的电化学过程涉及电荷越过金属电极界面区的转移;m 表示电子的来源;aq 表示溶液相;n 是电子转移数;k_{red} 是还原反应的平衡常数;k_{ax} 是氧化反应的平衡常数。当将合适的电极放入溶液相时,方程(2.1)描述的电化学反应才会发生,而电极充当了电子源或电子汇。这个反应涉及带电粒子即电子在电极界面和溶液相间的转移,因此电极反应是一个界面过程。当电子转移趋向平衡时,电极和溶液间出现净电荷分离,从而在溶液|电极界面产生电势差,分别表示为 φ_s 和 φ_m,通过此界面的电势降可表示为

$$\Delta\varphi = \varphi_m - \varphi_s \tag{2.2}$$

为了测得电势降,需要设计一个完整的导电电路。然而,如果在溶液中再放入一个电极,将有两个电极测定两电极|溶液界面的电势差,从而产生无意义的信息。解决的办法是采用一个电极|溶液界面加一个参比电极,使其维持在一个固定的电势差,这样,测量的电势差可表示为

$$E = (\varphi_m - \varphi_s) + X \tag{2.3}$$

其中,E 是测量的电势差;X 是参比电极,它是一常数。式(2.3)适用于工作电极。这样测量是在平衡时完成的,没有电流通过电池。电势 E 达到一个稳定值 E_e,主要依赖于 O 和 R 的相对浓度。其数值可以表示为

$$E_e = \Delta\varphi_{m/s}(O/R) - \Delta\varphi_{m/s}(X) = \Delta\varphi_{m/s}(O/R) - 0 \tag{2.4}$$

其中,X 是参比电极,如标准氢电极(SHE)或者更为常用的饱和甘汞电极(SCE);O/R 表示氧化还原电对。通常,SHE 的电势定义为零,这样可给出半电池(例如 O/R 电对)相对于 SHE 的电势。对于反应式(2.1)所描述的过程,下面的能斯特方程用来计算平衡时的电极电势:

$$E_e = E_f^0(\text{O/R}) + \left(\frac{RT}{nF}\right)\ln\left(\frac{[\text{O}]}{[\text{R}]}\right) \tag{2.5}$$

其中,E_e 是形式电势 E_f^0 的平衡电势,平衡条件下 O 和 R 在电极表面的浓度与溶液相中相同;R 是通用气体常数 $(8.314 \text{ J} \cdot \text{K}^{-1} \cdot \text{mol}^{-1})$;$T$ 是开氏温度;F 是法拉第常数 $(96\,485.33 \text{ C} \cdot \text{mol}^{-1})$。注意在公式(2.5)中形式电势定义为

$$E_f^0 = E^0(\text{O/R}) + \left(\frac{RT}{nF}\right)\ln\left(\frac{\gamma_\text{O}^v}{\gamma_\text{R}^v}\right) \tag{2.6}$$

其中,E^0 是标准电极电势;γ 是相对活度系数。形式电势和标准电势一样依赖于温度和压力,而且还受电解质浓度的影响。这些电解质不仅包括确定平衡电势时的电解质,还包括存在于溶液中的其他电解质,因为它们也影响离子活度。形式电势没有标准电势的热力学通性,仅能应用于具体条件,实验者可应用其进行有意义的伏安测量。

平衡电化学测量方法是非常重要的,通过它可以较容易地得到一些热力学参数(如反应自由能、平衡常数及溶液 pH),这是一个相对枯燥的内容,并不像动态电化学那样令人兴奋,动态电化学已在很多领域(如传感、储能/产能)得到了商业应用,成为电化学的主要推力。

如果我们把平衡电化学和动态电化学分离开来,考虑在电极上施加合适的负电位,发生的电化学过程如下:

$$\text{O}(\text{aq}) + n\text{e}^-(\text{m}) \rightarrow \text{R}^{n-}(\text{aq}) \tag{2.7}$$

值得注意的是,需要将第二个电极置于溶液中以有助于所需电流通过溶液,另外,还需要一个参比电极。图 2.1 所描述的过程将按以下步骤发生。首先,反应物由本体溶液向电极表面扩散,称为质量迁移;接着,不同于 E_e 的电势施加于电池两侧,电势差引起电极表面电子和溶液中其他离子的交换,从而产生电解。电流 i 的大小与溶液中离子的流量 j 有关:

$$i = nAFj \tag{2.8}$$

其中,F 为法拉第常数;n 为电化学反应过程中每个分子的电子迁移数;A 为电极面积。在电极与接近电极的反应物之间,距电极 1~2 nm 处,电子经过量子力学隧道而发生迁移。隧穿速率往往随着距离增大而大幅下降,这是由于描述电极电子与电活性物质的量子力学波函数的重叠。值得注

意的是，由于受电活性粒子的反应活性、电极表面的本质（类型和几何尺寸）、应用的电压及电子迁移出现的界面区结构影响，上述过程是复杂的。

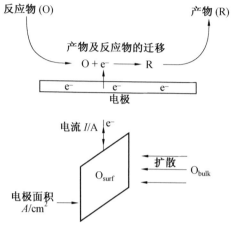

图2.1 简单电极反应示意图

公式(2.8)中，流量的单位是 $mol \cdot cm^{-2} \cdot s^{-1}$，这有效地反映了每秒钟到达电极表面物质的量。类似于均相动力学，速率定律可以被描述为

$$j = k(n)[\text{Reactant}]_0 \tag{2.9}$$

其中，$k(n)$ 是电子迁移反应的第 n 级速率常数；$[\text{Reactant}]_0$ 是电活性反应物质在电极表面的浓度（而不是在本体溶液）。当 $n=1$ 时，对应于一阶非均相反应，单位是 $cm \cdot s^{-1}$。

动态电化学最常用的配置包括使用三电极、工作电极、对电极（辅助电极）及参比电极，将其连接到一个稳压器上，使得参比电极和工作电极之间的电势差可以由来自于欧姆（IR）降的最小干扰控制。流过参比电极的电流被最小化以避免参比电极的极化，有助于工作电极和参比电极之间所施加的电位稳定。图2.2所示是一个典型的应用三电极体系的实验装置。参比电极可以在市场上买到，也可是实验室制备的 Ag/AgCl 或者 SCE。对电极应该是一种非活性的高表面积电极，如铂或碳。工作电极可以有不同的配置和组成。事实上，研究人员正试图利用石墨烯作为电极材料，有关这些将在本书的后续章节中介绍。

 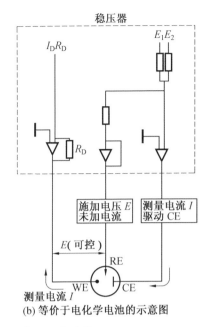

(a) 参比电极典型的实验装置　　　　(b) 等价于电化学电池的示意图

图 2.2　典型的应用三电极体系的实验装置

RE—饱和甘汞电极；WE—工作电极；CE—对电极(铂棒)

(图(b)中稳压器对于电化学实验是必需的。注意除了 R_D 是变化的，所有的电阻都是相等的)

由于所有重要的过程都出现在工作电极，若仅关注工作电极，则电极反应的示意图如图 2.3 所示，这是建立在图 2.1 基础上的。这个电化学过程表明观察到的电极电流主要依赖于质量迁移和电子转移反应的复杂速率常数。而质量迁移出现时往往伴随着其他过程，如化学反应、吸附/脱

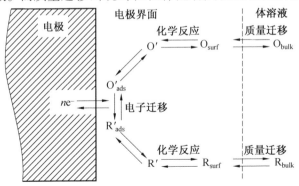

图 2.3　一般电化学反应途径

附。工作电极浸入一些通常含有电活性物质和支持电解质盐的电解质,以达到所需的电导率和最小化 IR 降。工作电极一侧的电子双层出现在大约 1 nm 距离处。图 2.4(a)所示为接近工作电极表面的溶液相组成。最靠近电极的紧密层也称为"内亥姆霍兹"层,其电荷分布和电势随着电极表面与"Gouy-Chapm"分散层的距离变化而线性变化,而在"Gouy-Chapm"层,电势呈指数关系变化。图 2.4(b)所示为紧密层的放大图,可以看到吸附的阴离子和脱附的阳离子在外亥姆霍兹层(IHP 和 OHP)可以停留。

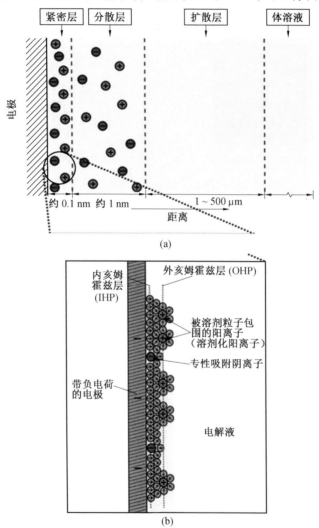

图 2.4 电极溶液界面组成的示意图(不按比例)

在典型的实验条件下,扩散层的大小是分散层的几倍。在动态电化学中,电势总是变化的,因此表面取向会改变,浓度扰动会穿过电极表面直达溶液,被扰动的电活性物质的扩散系数随时间而变化,并影响扩散层(δ)。在下文讨论循环伏安法时再讨论扩散层。

参照图2.1,如上文所讨论的,电压的施加是电化学反应进行的关键。此处的应用电势,即电压仅是电荷(单位为库仑)移动所需要的能量(单位为焦耳)。电压可以用来供应电能,被认为是一种"电化学压力"。

金属的电子结构涉及电子导带,电子在金属内自由移动,与阳离子结合在一起。这些带中的能级形成了有效的连续体,可填充至最大能量值(费米能级)。通过施加或驱动电压的形式提供电能,这样的能级可以改变,如图2.5(a)左图所示,费米能级的能量比反应物的最低未占分子轨道(LUMO)的能量更低,因此,在热力学上对于电子从电极跃迁到分子轨道上是不利的。然而,正如图2.5(b)右图所示,当电极的费米能级高于反应物的LUMO,这对于电子迁移过程的出现是热力学有利的,也就是说,反应物的电化学还原可以进行。在2.2节,当这种过程依赖于电化学反应的动力学时,这种过程被进一步探讨。

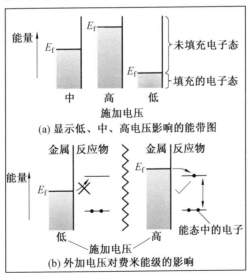

图2.5 驱动电化学反应的概述

2.2 电极动力学

下面我们考虑 Fe(Ⅲ) 的还原和 Fe(Ⅱ) 的氧化:

$$Fe^{3+}(aq) + e^{-}(m) \underset{k_{ox}}{\overset{k_{red}}{\rightleftharpoons}} Fe^{2+}(aq) \tag{2.10}$$

其中,速率常数 k_{red} 和 k_{ox} 分别描述了还原和氧化反应。需要注意,阴极过程就是在电极(阴极)侧的物质提供电子引起还原,而阳极过程就是在电极(阳极)侧的物质失去电子引起氧化。净过程的速率定律遵照下面的公式:

$$j = k_{red}[Fe^{3+}]_0 - k_{ox}[Fe^{2+}]_0 \tag{2.11}$$

其中,当施加负的电极电势时,速率常数 k_{red} 和 k_{ox} 主要依赖于阴极还原过程,而施加正电势时,阳极氧化过程起主要作用。

图 2.6 描述了电化学方程(2.10)的反应过程。虚线描述的是没有施加电势时的能垒,可以看到,这个过程在热力学上呈上升趋势。根据 $\Delta G^0 = -nF(E - E_f^0)$,由于还原过程的吉布斯自由能和形式电势有关,当施加一个电势时,反应物的自由能升高。其中 $(E - E_f^0)$ 测量的是施加在工作电极上的电势(相对于 Fe^{3+}/Fe^{2+} 氧化还原电对的形式电势),而测量的这两个电势都是相对于同样的参比电极。当反应坐标变化到实线指示处时,达到过渡态所需的能量降低,表现为热力学驱动。

由图 2.6 可以得出

$$\Delta G_{red}^{\pm}(2) = \Delta G_{red}^{\pm} + \alpha nF(E - E_f^0) \tag{2.12}$$

和

$$\Delta G_{ox}^{\pm}(2) = \Delta G_{ox}^{\pm} - (1-\alpha)nF(E - E_f^0) \tag{2.13}$$

式中, F 为法拉第常数。

式(2.12)和式(2.13)中的系数 α 被称为迁移系数,有助于我们理解过渡态如何受施加电压的影响,通常取值 0.5。这个值意味着过渡态是施加一定电压时反应物和产物的中间态。图 2.7 所示表明了电势改变对于自由能曲线的影响。在多数体系中,这个值介于 0.7 和 0.3 之间,通常认为是 0.5。

假设速率常数遵循阿伦尼乌斯定律:

$$k_{red} = A_{red} \exp\left(\frac{\Delta G_{red}^{\pm}}{RT}\right) \tag{2.14}$$

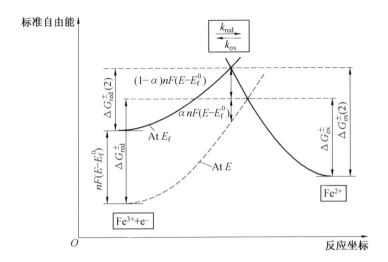

图 2.6　一个异构电子转移沿反应坐标的能量分布示意图

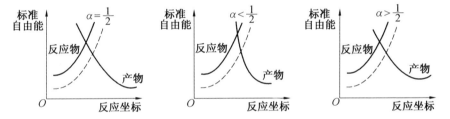

图 2.7　显示迁移系数为自由能曲线对称性标志的示意图

(点线表明当电势变为更正的值时,电子迁移 $Fe^{3+}(aq)+e^-(m) \underset{k_{ox}}{\overset{k_{red}}{\rightleftharpoons}} Fe^{2+}(aq)$ 发生)

$$k_{ox} = A_{ox} \exp\left(\frac{\Delta G_{ox}^{\pm}}{RT}\right) \quad (2.15)$$

代入激活能公式(2.12)和式(2.13),得到

$$k_{red} = A_{red} \exp\left(\frac{\Delta G_{red}^{\pm}(2)}{RT}\right) \exp\left[\frac{-\alpha nF(E-E_f^0)}{RT}\right] \quad (2.16)$$

$$k_{ox} = A_{ox} \exp\left(\frac{\Delta G_{ox}^{\pm}(2)}{RT}\right) \exp\left[\frac{(1-\alpha)nF(E-E_f^0)}{RT}\right] \quad (2.17)$$

由于式(2.16)和式(2.17)的第一部分不依赖于电势,可进一步写为

$$k_{red} = k_{red}^0 \exp\left[\frac{-\alpha nF(E-E_f^0)}{RT}\right] \quad (2.18)$$

$$k_{ox} = k_{ox}^0 \exp\left[\frac{(1-\alpha)nF(E-E_f^0)}{RT}\right] \quad (2.19)$$

这表明 Fe^{2+} 的氧化过程（k_{ox}）和 Fe^{3+} 的还原过程（k_{red}）的电化学速率常数随电极电势呈指数关系变化：电极电势相对于溶液相为正时 k_{ox} 增加，而电极电势相对于溶液相为负时 k_{red} 增加。很明显，改变电压将影响速率常数。然而，电子迁移的动力学并不是控制电化学反应的唯一过程；在许多情况下，电子迁移到电极的过程会控制整个反应，其速率会决定电化学速率常数。这在以后将会详细讨论。

我们知道反应的净速率可由下式给出：

$$j = k_{red}[Fe^{3+}]_0 - k_{ox}[Fe^{2+}]_0$$

因此，式（2.18）和式（2.19）可进一步写为

$$j = k_{red}^0 \exp\left[\frac{-\alpha F(E-E_f^0)}{RT}\right][Fe^{3+}]_0 - k_{ox}^0 \exp\left[\frac{(1-\alpha)F(E-E_f^0)}{RT}\right][Fe^{2+}]_0 \quad (2.20)$$

如果考虑工作电极动力学平衡的情况，氧化和还原电流几乎互相平衡，因此没有电流流动，$j = 0$，$\alpha = 0.5$。公式为

$$E = E_f^0 + \frac{RT}{F}\ln\left(\frac{[Fe^{2+}]}{[Fe^{3+}]}\right) + \frac{RT}{F}\ln\left(\frac{k_{ox}^0}{k_{red}^0}\right) \quad (2.21)$$

由之前的讨论可以明显得出，当没有净电流流动时，电势可以表示为

$$E = E_f^0 + \frac{RT}{F}\ln\left(\frac{[Fe^{2+}]}{[Fe^{3+}]}\right) \quad (2.22)$$

当 $k_{ox}^0 = k_{red}^0 = k^0$ 时，式（2.22）为能斯特方程。因此，可写为

$$k_{red} = k^0 \exp\left[\frac{-\alpha F(E-E_f^0)}{RT}\right] \quad (2.23)$$

$$k_{ox} = k^0 \exp\left[\frac{(1-\alpha)F(E-E_f^0)}{RT}\right] \quad (2.24)$$

式（2.23）和式（2.24）是关于电化学速率常数 k_{red}^0 和 k_{ox}^0 "巴特勒–沃尔默"（Butler-Volmer）表达式最简便的形式。k^0 是标准电化学速率常数，单位是 $cm \cdot s^{-1}$。

2.3 质量迁移

分析物质的质量迁移是由以下的"能斯特–普朗克"方程控制：

$$J_i(x) = -D_i \frac{\partial C_i(x)}{\partial x} - \frac{z_i F}{RT} D_i C_i \frac{\partial \varphi(x)}{\partial x} + C_i V(x) \quad (2.25)$$

其中，$J_i(x)$ 是电活性物质 i 在距电极表面 x 处的流量，$mol \cdot s^{-1} \cdot cm^{-2}$；$D_i$

是扩散系数，$cm^2 \cdot s^{-1}$；$\dfrac{\partial C_i(x)}{\partial x}$ 是距离 x 处的浓度梯度；$\dfrac{\partial \varphi(x)}{\partial x}$ 是电势梯度；z_i 和 C_i 分别是粒子 i 的电荷（无量纲）和浓度，浓度单位为 $mol \cdot cm^{-3}$；$V(x)$ 是溶液中一定体积的元素沿着轴移动的速度，$cm \cdot s^{-1}$。组成式（2.25）的这三个关键项分别代表了粒子 i 的扩散、迁移和对流。

如果我们考虑这是在有支持电解质的静态溶液（非水动力条件，参阅下文）中进行的电化学实验，迁移和对流可以从式（2.25）中略去，而进一步简化为仅考虑实验时间内到电极表面的质量迁移的唯一相关模式，也就是扩散。

粒子 i 从溶液本体到电极的扩散，可由菲克第一和第二扩散定律描述，即

$$J_i(x) = -D_i \frac{\partial C_i(x)}{\partial x} \tag{2.26}$$

$$\frac{\delta C_i}{\delta t} = -D_i \frac{\partial^2 C_i(x)}{\partial x^2} \tag{2.27}$$

其中，J 为流量，$mol \cdot cm^{-2} \cdot s^{-1}$；$D$ 是扩散系数，$cm^2 \cdot s^{-1}$；C 是电活性物质的浓度，$mol \cdot cm^{-3}$。如果初始值（在 $t=0$）和边界条件（值在一定位置 x）已知，解偏微分方程可以得到电活性物质在 x 处及时间 t 时的浓度。

让我们考虑一种简单的氧化还原过程，在电极与溶液中的物质 A 涉及单电子的转移，形成了溶液中的产物 B，如下所示：

$$A + e^- \underset{k_{ox}}{\overset{k_{red}}{\rightleftarrows}} B \tag{2.28}$$

其中，相比于质量迁移，即电化学和化学可逆的氧化还原过程，电子转移的速率快。如果电子转移遵循"巴特勒-沃尔默"动力学，则

$$k_{red} = k_{red}^0 \exp\left(\frac{-\alpha F}{RT} \eta\right) \tag{2.29}$$

$$k_{ox} = k_{ox}^0 \exp\left(\frac{(1-\alpha) F}{RT} \eta\right) \tag{2.30}$$

其中，k^0 为标准电化学速率常数；α 为物质的迁移系数；η 为过电势。可由下式得到：

$$\eta = E - E_{A/B}^{0'} \tag{2.31}$$

其中，E 为电极电势；$E_{A/B}^{0'}$ 为 A/B 氧化还原电对的标准电势。作为 A 的电解过程，所有在电极表面的物质 A 将被消耗，导致 A 在电极表面附近的浓度降低，形成了浓度梯度，新的 A 必须从溶液本体中扩散以支持进一步的

电解。图2.4(a)所示为电极表面的结构。该耗尽区被称为扩散层,厚度δ随着时间t而增加,使得在一维方向上:

$$\delta = \sqrt{2Dt} \tag{2.32}$$

图2.8所示描述了能斯特扩散层模型,该模型表明,超过临界距离δ后,溶液充分混合,电活性物质的浓度保持在一恒定值。在此附近,溶液混合不均匀是由密度不同引起的"自然对流"。此外,如果电化学装置不能充分恒温,整个溶液的轻微变化都可以成为自然对流的驱动力。

由于电极表面的刚度以及摩擦力的作用,因此自然对流由本体溶液向电极表面逐渐减弱,这是扩散层。并且,由于该区域中只有浓度的变化,因此存在扩散传递。值得注意的是,现实中并没有真正定义的区域,这些区域互相融合,但这是一个有用的概念。在实验条件下,扩散层有几十至几百微米。

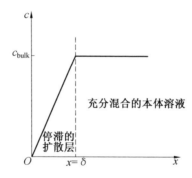

图2.8 能斯特扩散层模型

循环伏安法是最广泛使用的技术,用于获取关于电化学反应的定性信息。对于一些研究的物质,它能快速识别其独特的氧化还原电位,提供大量的氧化还原过程的热力学信息、复杂的电子转移反应的动力学信息和耦合电化学反应或吸附过程的分析。循环伏安法包括使用三角波电位进行工作电极电势的扫描(直线)(图2.9)。

电势由E_1扫至E_2,其扫描速率是伏安扫描速率(或线的斜率),如图2.9所示。在这种情况下,如果停止施加电压,这是一个线性扫描实验。如果扫描回到E_1,完成一个完整的电位循环,这可称为循环伏安法。根据需要获得的信息,单个或多个循环都可以进行。在电位扫描的持续时间内,通过施加一定的电压(电位),稳压器测量所产生的电流。电流对电势的曲线图称为"循环伏安图"。循环伏安图是复杂的,依赖于时间与其他一些物理和化学性质。

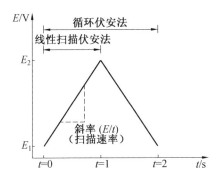

图 2.9 用于进行线性扫描伏安法和循环伏安法测量的电位时间分布

循环伏安响应的获得可以通过求解迁移方程(在三维空间中,x、y 和 z)[1]:

$$\frac{\partial [A]}{\partial t} = D_A \nabla^2 [A] \tag{2.33}$$

$$\frac{\partial [B]}{\partial t} = D_B \nabla^2 [B] \tag{2.34}$$

将方程(2.29)~(2.31)作为界面条件,得到

$$E = E_{start} + vt \quad \left(0 < t < \frac{E_{end} - E_{start}}{v}\right) \tag{2.35}$$

和

$$E = E_{end} - v\left[t - \frac{E_{end} - E_{start}}{v}\right] \tag{2.36}$$

上述公式定义了 E_{start} 与 E_{end} 间的电位扫描,电位扫描速率为 v(V·s^{-1});D_A 和 D_B 分别是 A 和 B 的扩散系数。

图 2.10 显示出了一个典型的循环伏安曲线(或 C-V 曲线),适用于公式(2.28)描述的电化学过程。其中,施加伏安电位后监测电流会呈现图 2.10 所示的独特图形。常规监测和报道的伏安曲线的特性是峰高(I_P)和峰电位(E_P)。

需要注意,在绘制伏安数据,即电流对电势曲线时,有许多不同的轴的规定。根据传统(或使用汞极谱)规定,负电位被标绘在正的"x"的方向,因此阴极电流(由于降低)为正,如图 2.11 所示。依据 IUPAC 规定,正电位被标绘在正的"x"的方向,因此阳极电流(由于氧化)为正(在其他规定中,沿着轴线方向为电流和/或对数电流)。在实际情况中,绘图取决于安装在恒电位仪的软件和所在的地区(例如美国和有关国家青睐传统规定)。然而,由于有关文献按照不同的规定给出伏安图,我们需要熟悉这个

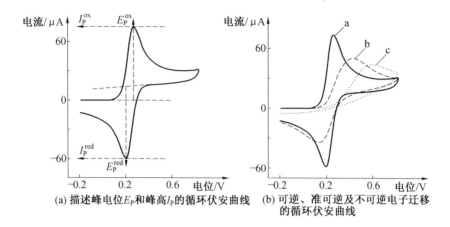

(a) 描述峰电位 E_P 和峰高 I_P 的循环伏安曲线　(b) 可逆、准可逆及不可逆电子迁移的循环伏安曲线

图 2.10　典型的循环伏安曲线

a—可逆；b—准可逆；c—不可逆

概念,并确保在首次遇到伏安图时能说明已被应用的电位扫描,并了解哪些电流是阳极的,哪些是阴极的。

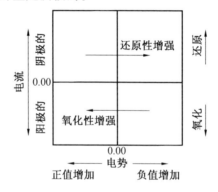

图 2.11　描述伏安数据的经典方式

图 2.10(b)所示是不同的电子迁移率情况,即可逆、准可逆和不可逆情况所引起的独特伏安曲线。相应于一个可逆的伏安特征曲线,其物理过程 $A + ne^- \rightarrow B$ 基于菲克定律和能斯特定律:

$$\begin{cases} \dfrac{\partial [A]}{\partial t} = D \dfrac{\partial^2 [A]}{\partial x^2} \\ \dfrac{[A]_0}{[B]_0} = \exp \dfrac{nF\eta}{RT} \end{cases} \quad (2.37)$$

其中,能斯特定律以指数形式表示。对于循环伏安实验的每个点,它都深入地考虑了扩散层,这产生了观察到的特征峰形。考虑电化学可逆行

为的情况,图 2.12 显示了典型的循环伏安图,其中 $k^0 = 1 \text{ cm} \cdot \text{s}^{-1}$,并放大了在六个不同部位上伏安波形处的浓度距离曲线。

在"可逆"情况中,电极动力学很"快"(相对于质量传输的速率,详见后面),使得在整个伏安图中电极表面达到能斯特平衡,其中 A 和 B 在电极表面的浓度由能斯特方程决定:

$$E = E_f^0(\text{A/B}) + \frac{RT}{F}\ln\frac{[\text{A}]_0}{[\text{B}]_0} \tag{2.38}$$

其中,E 为施加的电位,一旦 $E_f^0(\text{A/B})$ 确定下来,表面浓度 $[\text{A}]_0$ 和 $[\text{B}]_0$ 的比值就确定了。

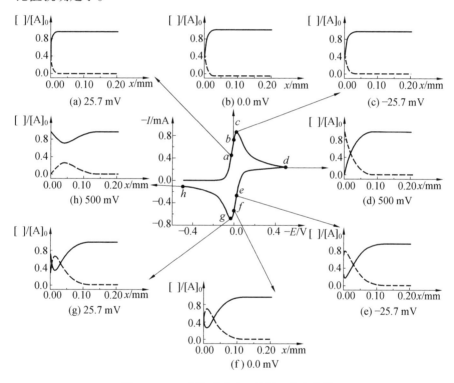

图 2.12 A 可逆还原到 B 的循环伏安曲线

($E^0 = 0 \text{ V}$; $\alpha = 0.5$; $k^0 = 1 \text{ cm} \cdot \text{s}^{-1}$; $v = 1 \text{ V} \cdot \text{s}^{-1}$; $A = 1 \text{ cm}^2$; $[\text{A}]_0 = 1 \text{ mmol/L}$; $D_\text{A} = D_\text{B} = 10^{-5} \text{ cm}^2 \cdot \text{s}^{-1}$。浓度分布图显示 A(实线)和 B(虚线)在循环伏安曲线 $a \sim h$ 这 8 个位置的分布。经帝国学院出版社许可,转载自参考文献[10]。注意轴标签取负值(单位))

图 2.12 描绘了伏安过程中浓度分布和表面浓度是如何变化的。图上

的 a 点对应于标准电势($E = E_f^0$)。在 a 点，A 的还原峰开始之前，电极表面只有少量的 A 被消耗，出现了一小层 B。这个扩散层是相对小的，通常厚度大约为 10 μm。在 c 点，伏安波形的最大还原电流是显而易见的，扩散层的厚度增加了。在 d 点，电流随着电势的增加而减小，浓度分布图显示 A 在电极表面上的浓度接近零，这样这部分伏安过程受扩散控制，而在 A 中是电极动力学控制其响应。这点的扩散层的厚度大约为 40 μm。在 d 点，伏安扫描的方向是相反。在 f 点，工作电极电位为 0 V，对应于 A／B 氧化还原电对的标准电势。在这一点上，电极电位不足以明显还原 A 或氧化 B。g 点对应于 B 重新转变为 A 反向扫描时的峰。浓度分布显示出了 A 的积聚和 B 的消耗。h 点对应于反向峰中超出最大 g 值的点，表明在电极表面 B 的浓度非常接近于零，而 a 点的浓度基本回到了其在本体溶液中的原始值。

在快速电子迁移的电化学可逆过程中，峰与峰的距离 $\Delta E_P = (E_P^{ox} - E_P^{red})$，在可逆范围内是相对较小的。其中 $\Delta E_P = 2.218 \frac{RT}{nF}$，相应于大约 57 mV（$T = 298$ K，$n = 1$）。对于 n 电子的情况，伏安图的波形可以如下表征：

$$E_P - E_{1/2} = 2.218 \frac{RT}{nF} \tag{2.39}$$

其中，$E_{1/2}$ 为对应于峰电流值的一半时所观察到的电势。

在宏电极所观察到的伏安电流(I_P^{Rev})的大小由以下 Randles-Ševćik 方程决定：

$$I_P^{Rev} = \pm 0.446 nFAC \left(\frac{nFDv}{RT}\right)^{1/2} \tag{2.40}$$

其中，±符号用于分别指示一个氧化或还原过程，尽管方程式通常没有这样的符号。伏安图表明电化学过程正在经历方程(2.39)所示的不同电荷的可逆转移。其中，ΔE_P 不依赖于伏安扫描速率，且 $I_P^{ox}/I_P^{red} = 1$。

问题是怎么能确定观察到的伏安响应对应于这个范围？确定的关键是扫描速率的研究。正如公式(2.40)所示，峰高(I_P)正比于应用的伏安扫描速率，I^{Rev} 对 $v^{1/2}$ 的曲线是线性的。图 2.13 描绘了应用一定范围的扫描速率所产生的典型伏安曲线。显而易见的是，每个伏安信号是相同的，但是电流随着扫描速率的增加而增加，这正如公式(2.40)所预测的。有一点需要注意到：电流最大值的位置发生在相同的电势处；此最大峰值处的电势不随着扫描速率的变化而迁移，是电极反应的特性，电极反应表现出快速电子转移动力学,通常称为可逆电子转移反应。

假定反应物和产物的扩散系数相等,则形式电势出现在组成伏安图的两个伏安峰之间:

$$E_f^0 = (E_P^{ox} + E_P^{red})/2 \quad (2.41)$$

图2.10(b)还显示了一个不可逆的电化学对的循环伏安响应(ΔE_P比观察到的可逆和准可逆的情况时大),它需要明显的过电位来驱动反应,相比可逆情况时,峰高(最大值)出现在更大电势处也证明了这一点。

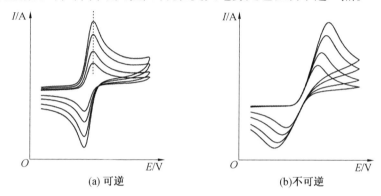

图2.13 可逆和不可逆的循环伏安响应
(注意:峰最大值随扫描速率迁移)

从图2.10很明显看到,作为标准电化学速率常数,k^0或快或慢,分别称为"电化学可逆"或"电化学不可逆",在观察到的伏安图中的变化是惊人的。有一点要注意,这些是相对概念,它们是相对于到电极表面的质量迁移速度。质量迁移系数 m_T 可以这样计算:

$$m_T = \sqrt{D\frac{Fv}{RT}} \quad (2.42)$$

快速与慢速电极过程动力学之间的区别涉及质量迁移的通行速率,$k^0 \gg m_T$ 表明电化学可逆,$k^0 \ll m_T$ 表明电化学不可逆。Matsuda 和 Ayabe[2] 引入了一个参数 £:

$$£ = k^0 \left(\frac{RT}{FDv}\right)^{1/2} \quad (2.43)$$

其中,以下范围是在固定的宏电极识别的:£ ≥15 对应可逆界限,15>£ > 10^{-13} 对应准可逆界限,£ ≤10^{-3} 对应不可逆界限。回到图2.10(b),我们有三种情况,可逆、准可逆和不可逆的,这都与质量迁移速率相关。对于可逆反应,所有电势下的电子迁移速率大于质量迁移速率,峰值电势不依赖于伏安扫描速率(图2.13(a))。对于准可逆反应,电子迁移速率接近于质量迁移速率。峰电位随着伏安扫描速率增加而增加。很明显,对于不可逆的情况,电子迁移速率比质量传递速率小。Matsuda 和 Ayabe 的总结是非常有用的[2]。

Matsuda 和 Ayabe 给出的上述条件表明,所观察到的电化学行为取决于所采用的伏安扫描速率。采用不同扫描速率时扩散层的厚度显著变化,在扫描速率慢的情况下,扩散层非常厚,而在扫描速率快时扩散层比较薄。由于可逆或不可逆的电化学过程反映了电极动力学和质量迁移之间的竞争,更快的扫描速率将使得电化学不可逆性更大,如图 2.14 所示。其中,采用快的扫描速率时,有从可逆向不可逆行为的清晰过渡(见图 2.14 实线部分)。

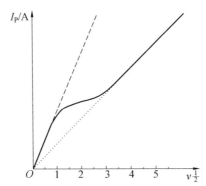

图 2.14 可逆、不可逆的电化学过程
(随扫描速率增加时可逆到不可逆过程的转变(实线),
虚线表明可逆过程,而点线表明不可逆过程)

在宏电极,根据以下公式[3],尼克尔森方法经常用于估算观察到的准可逆体系中标准复杂电子转移速率常数(k^0, cm·s^{-1}):

$$\psi = k^0 \left[\frac{\pi DnvF}{RT}\right]^{-1/2} \tag{2.44}$$

其中,ψ 是动力学参数,将一步单电子过程特定温度时的 ψ,随着峰-峰间距(ΔE_p)的变化列表(见表 2.1),可以确定 ΔE_p 随着 v 的变化,进一步确定 ψ 的变化。表 2.1 表明了一步单电子过程中,$T = 25$ ℃、$\alpha = 0.5$ 时 ΔE_p 随着 ψ 的变化。ψ 对 $\left[\frac{\pi DnvF}{RT}\right]^{-1/2}$ 作图使得标准复杂速率迁移常数 k^0 很容易推导出来。

注意有一些限制条件,上述方法是基于如下假设的:电子转移动力学由"巴特勒-沃尔默"理论描述,$\alpha = 0.5$,开路电压是 141 mV,超过可逆的

$E_{1/2}$,温度为 298 K。不严格遵守上述中的大多数因素会导致一些小的误差。

然而,有一个严重的实验问题:溶液电阻的不完全补偿。因此,在扫描速率慢时电流和 IR 误差低,测量误差将是低的,但恒电位有助于克服这个问题。

超过尼克尔森方法的界限,也就是 ΔE_P>200 mV(见表 2.1),则 Klingler 和 Kochi 报道了一个更恰当的关系式[4]:

$$k^0 = 2.18 \left[\frac{D\alpha nvF}{RT}\right]^{-1/2} \exp\left[-\left(\frac{\alpha^2 nF}{RT}\right)(E_P^{ox} - E_P^{red})\right] \quad (2.45)$$

因此,两个程序可用于不同范围的 $\Delta E_P \times n$ 值,即对于低的(尼克尔森)和高的(Klingler 和 Kochi)值。为了实际应用(而不是产生一个工作曲线),Lavagnini 等[5]提出下面适合尼克尔森数据的 ψ 函数关系式(ΔE_P):

$$\psi = (-0.6288 + 0.021X)/(1 - 0.017X) \quad (2.46)$$

其中,$X = \Delta E_P$。为了更准确地确定 k^0,建议采用电化学模拟软件包。

对于准可逆体系(在 298 K),Randles–Ševćik 方程由下式给出:

$$I_P^{quasi} = \pm(2.65 \times 10^5) n^{3/2} ACD^{1/2} v^{1/2} \quad (2.47)$$

表 2.1 25 ℃ 时 ΔE_P 随 ψ 的变化

Ψ	$\Delta E_P \times n$/mV
20	61
7	63
6	64
5	65
4	66
3	68
2	72
1	84
0.75	92
0.50	105
0.35	121
0.25	141
0.10	212

注:经许可转载自参考文献[3]

对于不可逆体系(电子交换慢),个别的峰强度降低,间隔变宽。图 2.13 显示了一个特征响应,其中最大峰值随着采用的伏安扫描速率而迁移。完全不可逆体系的定量表征由峰电位随扫描速率偏移完成,公式如下:

$$E_{P,c} = E_f^0 - \frac{RT}{\alpha n'F}\left[0.78 + \ln\frac{D^{1/2}}{k^0} + 0.5\ln\left(\frac{\alpha n'Fv}{RT}\right)\right] \quad (2.48)$$

其中,α 是迁移系数;n' 是速率确定步骤前每摩尔迁移的电子数;E_f^0 是形式电势。因此,E_P 出现在电位比 E_f^0 更高处,过电势与 k^0 和 α 相关(伏安曲线随着 αn 减少变得越来越"拔出")。对于完全不可逆电子迁移过程,Randles-Ševćik 方程为

$$I_P^{\text{quasi}} = \pm 0.496\,(\alpha n')^{1/2} nFAC\left(\frac{FDv}{RT}\right)^{1/2} \quad (2.49)$$

其中,A 是电极的几何面积,cm^2;α 是迁移系数(通常认为接近0.5);n 是电化学过程中每分子的电子迁移数;n' 为速率确定步骤前每摩尔迁移的电子数。熟悉通用的 Randles-Ševćik 方程(对于静止溶液)是有用的。

$$I_P = -Y(p)\sqrt{\frac{n^3F^3vD}{RT}}A[C] \quad (2.50)$$

其中,$p = r\sqrt{\frac{nFv}{RTD}}$。

对于不同的电极几何形状,有:

(1)平盘电极:$r=$ 半径,$Y(p) = 0.446$。

(2)球形或半球形电极:$r=$ 半径,$Y(p) = 0.446 + 0.752p^{-1}$。

(3)对于一个小圆盘电极:$r=$ 半径,$Y(p) = 0.446 + (0.840 + 0.433e^{-0.66p} - 0.166e^{-11/p})p^{-1} \sim 0.446 + \frac{4}{\pi p^{-1}}$。

(4)对于一圆筒或半圆筒:$r=$ 半径,$Y(p) = 0.446 + 0.344p^{-0.852}$。

(5)对于一个带状电极:$2r=$ 宽,$Y(p) = 0.446 + 0.614(1+43.6p^2)^{-1} + 1.323p^{0.892} \sim 0.446 + 3.131p^{-0.892}$。

不可逆还原的波形由公式 $E_P - E_{1/2} = 1.857\frac{RT}{\alpha F}$ 给出,同时不可逆氧化的波形由公式 $E_P - E_{1/2} = 1.857\frac{RT}{(1-\alpha)F}$ 给出。

2.4 电极几何形状的变化:宏观到微观

在宏电极,A 的电解出现在整个电极表面,这样 A 到电极的扩散或 B 从电极表面开始的扩散被称为平面的,并且电流响应通常被描述为"扩散限制",从而产生一个不对称的峰,如图 2.15(a)所示。在宏电极边缘,电

极基底满足规定电极面积的绝缘材料,从电极的边缘扩散或扩散至电极边缘实际上是一个点。因此,通量 j 和质量传输速率在边缘更大,扩散变得收敛,这被称为"边缘效应"。其在宏电极上可以忽略,这是因为到宏电极边缘的自收敛扩散的贡献被到整个电极面积的平面扩散的贡献所淹没。

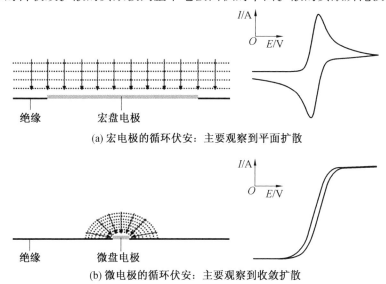

(a) 宏电极的循环伏安:主要观察到平面扩散

(b) 微电极的循环伏安:主要观察到收敛扩散

图 2.15　在宏电极和微电极观察到的循环伏安特征间的独特差异

随着电极尺寸从宏观减小到微观,或甚至更小到纳米级,到电极的边缘的收敛扩散变得显著。在这个体制中我们观察到伏安曲线的变化,导致峰值形响应的损失,如图 2.15(b) 所示,具有 S 形伏安。收敛扩散的效果对提高质量传输有利,使得电流密度大于宏电极平面扩散时的电流密度。

如图 2.15(b) 所示,对于微电极的可逆电极反应,其中,$E_{1/2}$ 是半波电位,下面的等式描述了预期的伏安形状:

$$E = E_{1/2}^{\text{rev}} + \frac{RT}{nF} \ln \frac{I_L - I}{I_L}$$

其中

$$E_{1/2}^{\text{rev}} = E^{0'} + \frac{RT}{nF} \ln \frac{D_R^{1/2}}{D_0^{1/2}} \qquad (2.51)$$

因为扩散系数的比率几乎是相等的,对于可逆的电对,$E_{1/2}$ 是 $E^{0'}$ 的一个很好的近似值(图 2.16)。

如果波形对应于一个可逆过程,当 E 对 $\ln \frac{I_L - I}{I_L}$ 作图时,线性响应会被观察到,其梯度等于 $\dfrac{RT}{nF}$,截距为 $E_{1/2}^{rev}$。对于微电极,不同电化学动力学的影响示于图 2.17,其中,当电子迁移变得更慢时,伏安图有所偏移,这是因为需要更大的"过电势"来克服动力学障碍。在这种情况下,式(2.51)变为:$E = E_{1/2}^{irr} + \dfrac{RT}{\alpha nF} \ln \dfrac{I_L - I}{I_L}$,因此,$E$ 对 $\ln \dfrac{I_L - I}{I_L}$ 作图产生了一个梯度 $\dfrac{RT}{\alpha nF}$ 和一个截距 $E_{1/2}^{irr}$。

为了确定可逆、准可逆和不可逆,一个有用的方法是 Tomeš 标准[7];见参考文献[6]中各种判断方法的完整概述。

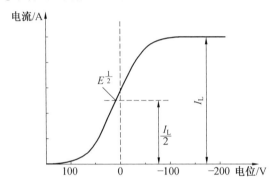

图 2.16　在微电极的可逆过程的稳态伏安曲线

最后,图 2.18 显示出了可以在电化学容易遇到的不同微电极的几何形状。对于微电极和它们的优点及应用的精辟概述,读者可以直接查阅参考文献[7]。

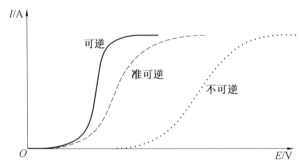

图 2.17　稳态伏安曲线如何由电化学(异质)动力学塑造

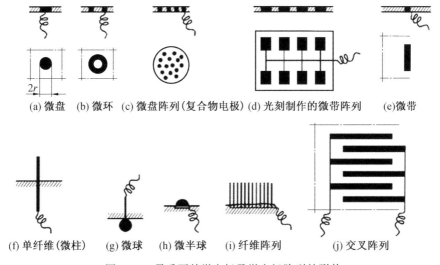

图 2.18　最重要的微电极及微电极阵列的形状
（经许可图片转载自参考文献[7], 2000 国际纯化学与应用化学联合会版权所有）

2.5　电化学机理

前文我们已经考虑了一个 E 反应,其中电化学过程涉及单电子的转移。如果现在考虑这个过程受随后的化学反应干扰,如下所述:

$$O + ne^- \rightleftharpoons R$$
$$R \rightarrow Z \tag{2.52}$$

那么应采用 Testa 和 Reinmuth 的表示方法[8],这被描述为 EC 反应。循环伏安将显示一个较小的反向峰(因为产物中,R 被从表面上化学除去)。正向和反向的峰值比将小于(不等于)1;准确值可用于估计化学步骤的速率常数。在一些极端的情况下,化学反应可能进展很迅速,所有的 R 都转化成 Z,导致没有反向峰被观察到。需要注意的是,通过改变扫描速度,能够进一步获得这些耦合反应速率的资料。表 2.2 综述了可能遇到的耦合化学反应不同的电化学机理。

一个值得探讨的具体例子是 EC' 反应。这种工艺的一个实例是用滴涂法制备的锇聚合物、$[O_s(bpy)_2(PVP)_{10}Cl]Cl$ 和 Nafion 修饰玻璃碳电极,生成了双层膜修饰电极[9]。在这种情况下,修饰电极可探讨神经递质肾上腺素的感测(EP)[9]。图 2.19 表明了电活性聚合物(图 2.19 中曲线 A 和 B)的伏安响应,其中在与肾上腺素(图 2.19 中曲线 C)接触后,反向峰

降低,伴随明显的正向峰增加。这个过程可以这样描述:

$$[O_s-(PVP)_{10}]^+ \rightleftharpoons [O_s-(PVP)_{10}]^{2+}+e^- \tag{2.53}$$

$$2[O_s-(PVP)_{10}]^{2+}+EP_{RED} \rightarrow 2[O_s-(PVP)_{10}]^{2+}+EP_{OX} \tag{2.54}$$

方程(2.53)和(2.54)中的第一步是 E 步骤,这是由于它是一个纯粹的电化学过程,而方程(2.54)的过程被定义为 C 步骤,这是由于它是一个化学过程。如图 2.19 所示,对于方程(2.54)控制的过程,曲线 C 的幅度依赖于化学速率常数。

表 2.2 化学反应的电化学机理

可逆电子迁移过程,无后续化学反应;E_r 步:

$$O+ne^- \rightleftharpoons R$$

可逆电子转移过程,接着发生可逆化学反应;E_rC_r 步:

$$O+ne^- \rightleftharpoons R$$

$$R \underset{k_{1-1}}{\overset{k_1}{\rightleftharpoons}} Z$$

可逆电子转移过程,接着发生可逆化学反应;E_rC_i 步:

$$O+ne^- \rightleftharpoons R$$

$$R \xrightarrow{k_1} Z$$

先发生可逆化学反应,然后为可逆电子转移过程;C_rE_r 步:

$$Z \underset{k_{1-1}}{\overset{k_1}{\rightleftharpoons}} O$$

$$O+ne^- \rightleftharpoons R$$

可逆电子转移过程,接着发生起始材料的不可逆再生;E_rC_i' 步:

$$O+ne^- \rightleftharpoons R$$

$$R \xrightarrow{k} Z+O$$

多个电子迁移过程,伴随着可逆化学反应;$E_rC_rE_r$ 步:

$$O+ne^- \rightleftharpoons R$$

$$R \underset{k_{1-1}}{\overset{k_1}{\rightleftharpoons}} Z$$

$$Z+ne^- \rightleftharpoons Y$$

多个电子迁移过程,伴随着不可逆化学反应;$E_rC_iE_r$ 步:

$$O+ne^- \rightleftharpoons R$$

$$R \xrightarrow{k_1} Z$$

$$Z+ne^- \rightleftharpoons Y$$

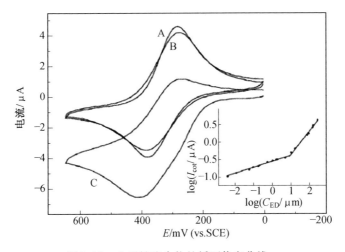

图 2.19　电活性聚合物的循环伏安曲线

(A—扫描速率为 40 mV·s^{-1},O_s—(PVP)$_{10}$ 改性的电极在 pH=6.9 的 PBS 中;
B—扫描速率为 40 mV·s^{-1},O_s—(PVP)$_{10}$/Nafion 改性的电极在 pH=6.9 的 PBS 中;
C—扫描速率为 40 mV·s^{-1},O_s—(PUP)$_{10}$/Nation 改性的电极在 pH=6.9 的 PBS(A,B)
中与 1.0×10^{-4} mol/L 肾上腺素接触后(插图为催化电流与肾上腺素浓度对数的关系曲
线)。经 Elsevier 许可,转载自参考文献[9])

另一个值得强调的电化学过程是 EE 过程,它说明了循环伏安是如何用来产生机理信息的。这里以 TMPD(N,N,N′,N′- tetramethylphenylenediamine)为例,其结构如图 2.20 所示。图 2.21 显示了在 pH 为 7 的磷酸盐(PBS)缓冲溶液中利用一个 EPPG 电极记录 TMPD 氧化的循环伏安图,有两个伏安峰,如图 2.21(a)所示,表示了以下的电化学过程:

$$\text{TMPD} - e^- \rightarrow \text{TMPD}^{\bullet+}$$
$$\text{TMPD}^{\bullet+} - e^- \rightarrow \text{TMPD}^{2+} \quad (2.55)$$

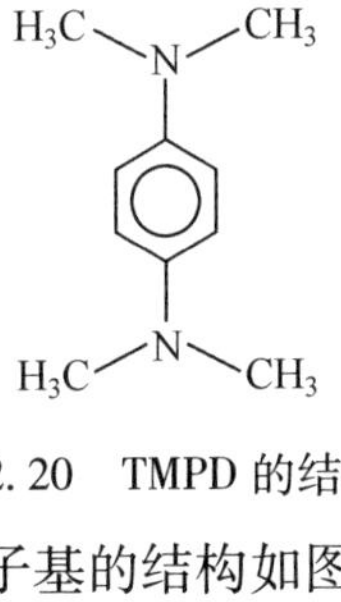

图 2.20　TMPD 的结构

其中,阳离子基和双阳离子基的结构如图 2.22 所示。反向扫描时,会发生相应的还原反应:

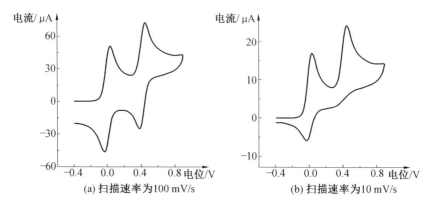

图 2.21 TMPD 电化学氧化得到的循环伏安曲线

$$TMPD^{2+} + e^- \rightarrow TMPD^{\bullet +}$$
$$TMPD^{\bullet +} + e^- \rightarrow TMPD \quad (2.56)$$

图 2.21(b)所示的伏安响应是在比图 2.21(a)更慢的扫描速率下记录的。显而易见,第二还原峰对应 $TMPD^{2+}$ 的还原,已发生显著改变。这是因为在图 2.21(b)的情况下,扫描伏安窗口所用的时间相比于电化学产物的寿命(在正向扫描时形成)更长。事实上,如图 2.23 所示,$TMPD^{2+}$ 与水反应来取代二甲胺,因此,在伏安实验的时间范围内,电化学反应产物经过化学反应,使得回扫时最初形成的产物不能被电化学还原。值得注意的是,这并不适用于快速扫描的情况:扫描伏安窗口的时间比电化学产物的寿命短,从而使化学过程超出运行时间。

因此,鉴于上述见解,很显然,循环伏安法为研究不稳定和异乎寻常的物质提供了一种简便的方法。

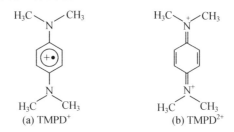

图 2.22 阳离子 $TMPD^+$ 和二价阳离子 $TMPD^{2+}$ 的结构

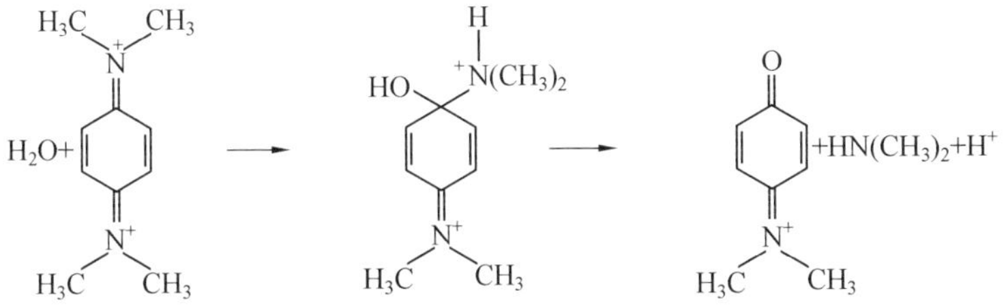

图 2.23　TMPD^{2+}与水反应取代二甲胺

2.6　pH 的影响

考虑下面的过程，涉及质子的吸收和电子的消耗：

$$A + mH^+ + ne^- \rightleftharpoons B \tag{2.57}$$

极限情况对应电化学可逆性和不可逆性。这里，我们考虑电极过程为电化学完全可逆，从而相关的能斯特方程可以写为[10]

$$E = E_f^0(A/B) - \frac{RT}{nF}\ln\frac{[B]}{[A][H^+]^m} \tag{2.58}$$

$$E = E_f^0(A/B) + \frac{RT}{nF}\ln[H^+]^m - \frac{RT}{nF}\ln\frac{[B]}{[A]} \tag{2.59}$$

$$E = E_f^0(A/B) - 2.303\frac{mRT}{nF}\text{pH} - \frac{RT}{nF}\ln\frac{[B]}{[A]} \tag{2.60}$$

从而导出

$$E_{f,\text{eff}}^0 = E_f^0(A/B) - 2.303\frac{mRT}{nF}\text{pH} \tag{2.61}$$

其中，$E_{f,\text{eff}}^0$ 是有效形式电势。若 $D_A = D_B$，则介于 A 的还原峰和 B 的氧化峰之间的电位中间对应于 $E_{f,\text{eff}}^0$，且不受伏安图形状的影响。因此中点电位每 pH 单位变化 $2.303\frac{mRT}{nF}$。在常见的 $m = n$ 情况，如下所述 25 ℃时，这对应每 pH 单位约变化 59 mV。

实验中，在一定的 pH 范围内循环伏安响应被记录成 $E_{f,\text{eff}}^0$（或更常见的"峰值电位"）随着 pH 变化的曲线。图 2.24 所示为一个典型的响应，其中偏离线性是由于靶分析物的 pKa，从线性部分的梯度可知电化学过程中电子和质子转移的数量。

参考文献[11]中的一个例子如图 2.25 所示，它利用一个邻苯二酚聚（3,4-亚乙基二氧噻吩）改性电极在抗坏血酸和尿酸的存在下电催化

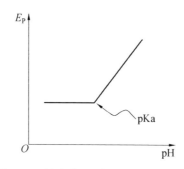

图 2.24 峰电位 E_p 随 pH 变化的曲线图

NADH[11]。有趣的是,儿茶素的氧化态具有醌结构,pH 对修饰电极的氧化还原特性的影响如图 2.25 所示。其中,在 pH 为 2~10 的范围内,随着 pH 的增加,儿茶素分子的氧化还原电对迁移到更小的正值。图 2.25 中的插图显示了儿茶素分子的半波电位与 pH 的函数关系曲线图。值得注意的是,它与图 2.24 相似。很明显,有两个斜坡,第一个斜坡在 1~7.5 的 pH 范围内斜率为 63 mV/pH,对于具有相同电子和质子转移数量的过程,这是非常接近预期的能斯特值的(见方案 2.1)。在上面的例子中,在儿茶素氧化为其邻醌形式的过程中,预期对应于两个电子和两个质子。第二斜坡在 7.5~10 的 pH 范围内斜率为 33 mV / pH,这非常接近于两个电子和一个质子过程的能斯特值(见方案 2.2)。此外,作者[11] 报道了在该 pH 范围内,峰值电流是逐渐减小的,这归因于儿茶素分子的去质子化,其导致儿茶

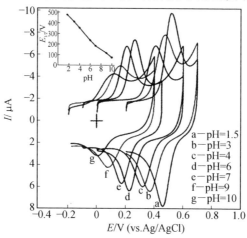

图 2.25 邻苯二酚/PEDOT/GC 修饰的电极在不同 pH 的 PBSs 中的循环伏安曲线 (插图:$E_{1/2}$ 随 pH 变化的曲线。经 Elsevier 许可,转载自参考文献[11])

素分子的电荷增加,其中带电粒子比之前的粒子更易溶。显然,使用 pH 测量可以有助于考察电化学机制。

方案 2.1 邻苯二酚分子的等价电子与质子迁移过程的电化学机理
(经 Elsevier 许可,转载自参考文献[11])

方案 2.2 邻苯二酚分子的两电子与单质子迁移过程的电化学机理
(经 Elsevier 许可,转载自参考文献[11])

2.7 伏安技术:计时电流

在上述部分,我们已经考虑循环伏安法及其衍生方法。另一种值得一提的技术是计时技术,它可以用于研究石墨烯。这种技术或者可以作为一个单电位阶跃使用,其中仅来自正向阶跃(如上所述)的电流被记录;或者可以作为双电位阶跃,其中阶跃电位经过一个时间周期(通常称为 τ)后返回到一个最终值。计时电流法的电化学技术涉及步进施加电位到工作电极上,起初电势保持为一个数值,没有法拉第反应发生。之后电势改变,该处电活性物质的表面浓度为 0(图 2.26(a)),电流对时间的依赖关系被记录下来(图 2.26(c))。

在此过程中的质量传递过程仅由扩散控制,因此"电流-时间"曲线反映了电极表面中浓度的变化。这涉及与反应物的消耗相关的扩散层持续增长,因而,随着时间的变化,浓度梯度的降低被观察到(图 2.26(b))。在一种锇络合物修饰电极的情况下采用单电位阶跃计时电流法的例子示于图 2.27,EC′过程中其受到电催化的肾上腺素浓度的影响也显示在插图中

(见2.5节)。

计时技术最有用的公式是科特雷尔公式,它描述了可逆氧化还原反应(或大的过电位)大的正向电位阶跃时所观察到的任意时间的电流(无限大小的平面电极)是 $t^{-1/2}$ 的函数,即

$$I_L(t) = nFAD^{1/2}C(\pi t)^{-1/2} \qquad (2.62)$$

其中,n 是化学计量参与反应的电子数;F 是法拉第常数;A 为电极面积;C 是电活性物质的浓度;D 是扩散系数。双层电荷产生的电流也有助于遵循电位阶跃,但作为 $1/t$ 的函数衰减,并且仅在初始阶段明显,通常随着电位阶跃为几毫秒。

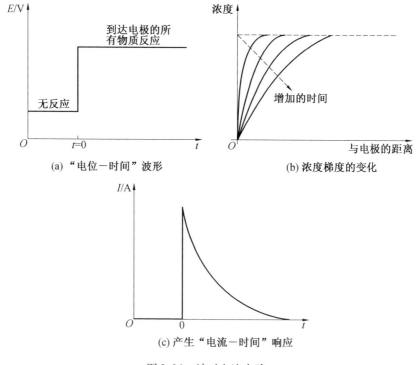

图2.26 计时电流实验

图2.27所讨论的计时电流的变化示于图2.28。利用混合生物电极,此变量可用来探测过氧化氢。混合生物电极是由在氧化铟锡(ITO)平板上的金纳米粒子(AuNP)和细胞色素C(cyt C)组成的。在此例中,保持电势在-0.1 V,在氮气气氛下,连续加入20 μL 200 mmol/L 的 H_2O_2 到 5 mL 浓度为10 mmol/L 的 HEPPES 缓冲液中,使所需的电化学反应发生,溶液被不断搅拌,使得对流产生。所研究的分析物等量试样被制备。每次,对

流将确保粒子输送到电极表面并被电化学转化。图2.28中表现为电流的一个"阶跃",然后当所有的电活性物质被消耗,电流保持不变或减小。图2.28为相应的校正曲线。这种方法中,对流用于增强到电极表面的质量传递速率,被称为流体动力电化学。相较于在静置溶液中进行测量,它改善了分析灵敏度(图2.27)。

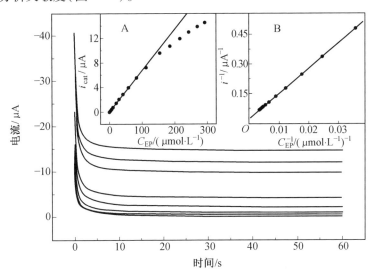

图2.27　锇络合物修饰电极的计时电流曲线

(电势从0到+0.4 V阶跃,Os-(PVP)$_{10}$/Nafion修饰的电极,pH=6.9,PBS为0、6.5 μmol/L、11 μmol/L、28 μmol/L、56 μmol/L、156 μmol/L、215 μmol/L及294 μmol/L(由下向上)时。插图:A催化电流随肾上腺素浓度变化的曲线图;B催化电流与肾上腺素浓度的数据分析。经Elsevier许可,转载自参考文献[9])

将二茂铁(Fc)发生电化学氧化转变为二茂铁盐(Fc$^+$)的双电位阶跃计时电流法示于图2.29。双电位阶跃计时电流法是非常有用的,因为它允许同时测定初始物质(本实例中是二茂铁)和其电化学反应产物的扩散系数。图2.29示出了用微电极记录的不同温度下典型的计时电流,对样品进行预处理:保持电势在相应于零法拉第电流的一点20 s,之后,电位阶跃到峰值(由CV测定)后的位置,测定5 s的电流。然后将电位恢复到初始值,再测量其5 s的电流。注意,对于微电极的计时电流法,方程(2.62)被替换为

$$I_L(t) = nFADC[(\pi Dt)^{-1/2} + r^{-1}] \quad (2.63)$$

正如Shoup和Szabo所建议的那样[12],在第一步中获得时间相关的电

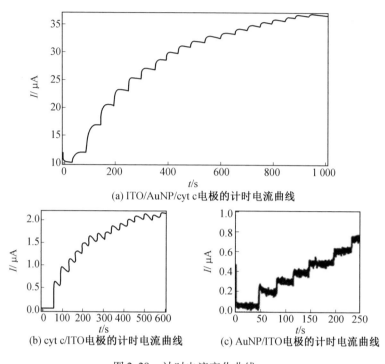

(a) ITO/AuNP/cyt c电极的计时电流曲线

(b) cyt c/ITO电极的计时电流曲线

(c) AuNP/ITO电极的计时电流曲线

图 2.28　计时电流变化曲线

(外电压均为 −0.1 V。经 Elsevier 许可,转载自参考文献[29])

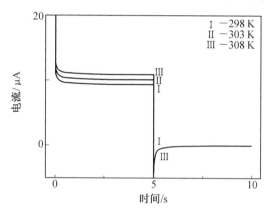

图 2.29　Fc｜Fc$^+$ 体系在 298 K、303 K 及 308 K 的实验双电位阶跃计时瞬变

(电位从 0 V 阶跃至 0.9 V,又回到 0 V。经 Elsevier 许可,转载自参考文献[30])

流响应(图 2.29),可采用下面的等式分析,这足以说明在整个时间范围内的电流响应,其最大误差小于 0.6%:

$$I = -4nFDrCf(\tau) \tag{2.64}$$

其中

$$f(\tau) = 0.7854 + 0.8863\tau^{-1/2} + 0.2146\exp(-0.7823\tau^{-1/2}) \tag{2.65}$$

因此时间参数 τ 由下式给出：

$$\tau = 4Dt/r^2 \tag{2.66}$$

使用上述方程式生成理论瞬变，并利用某些软件（如微软公司 Origin Pro7.5）可得到一个非线性曲线拟合函数。通过输入 r 值，将实验观察到的响应和理论数据之间的拟合进行优化。r 值是用模型解决方案独立表征的，并引导软件尝试不同的 D 和 nc 值。图 2.30 显示了实验数据和使用公式(2.64)~(2.66)模拟后结果的典型匹配。

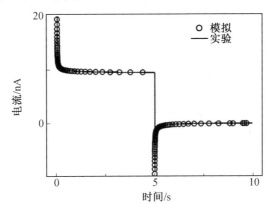

图 2.30　Fc｜Fc^+ 体系的实验数据和最优匹配的双电位阶跃计时电流瞬变（其温度为 298 K，在含有 0.1 mol/L $TBAPF_6$ 支持电解质的 MeCN 中。电位阶跃从 0 V 到 0.9 V，再回到 0 V。经 Elsevier 许可，转载自参考文献[30]）

正向电位阶跃出现的化学反应（包括产物吸附）的速率常数通常采用双电位阶跃法测量。通过采用一个明确定义的氧化还原电对（已知 n、C 和 D），计时电流法也可被用来精确测量电极面积（A）。此外，还可用于获得成核速率（参见例子[13-17]）及传感方面，如图 2.27 和图 2.29 所示，仅举出几例。在一些情况下，当我们通过实验测量未被报道的靶分析物的扩散系数时，需要知道正确的数值（或量级）。为此，Wilke 和 Chang 已经提出了一个模型来估算扩散系数，具体如下[18]：

$$D = 7.4 \times 10^{-8} \frac{(xM)^{1/2}T}{\eta V^{0.6}} \tag{2.67}$$

其中，M 是所用溶剂的相对摩尔质量；η 是其黏度；x 是一个关联参数；V 是溶质的摩尔体积,对于复杂的分子,它是用原子贡献的总和推定的[18]。

2.8 伏安技术:微分脉冲伏安法

正如上文所述,伏安一直备受关注。当靠近电极表面的电活性物质被消耗,通过施加电位阶跃,其响应是一种电流脉冲,它随时间而衰变。这个法拉第过程(IF)采用由双层充电引起的电容贡献(IC)来叠加,双层充电消失得很迅速,通常在微秒内(图2.31)。

电流(对于可逆系统)满足科特雷尔公式,其中,$I \propto t^{-1/2}$,电量 $Q \propto t^{-1/2}$,当施加脉冲步骤对电流进行采样时,电容电流(I_C)衰减。为满足这一条件,需选择脉冲宽度。

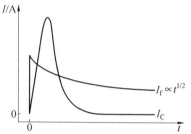

图2.31 应用电位阶跃时电容和法拉第电流的效果

在脉冲技术,如差分脉冲和方波伏安法中,电容的贡献是通过减法消除的。微分脉冲伏安法(DPV)测量脉冲结束前和应用前两种电流之间的差异。图2.32展示了利用脉冲叠加成阶梯的波形。

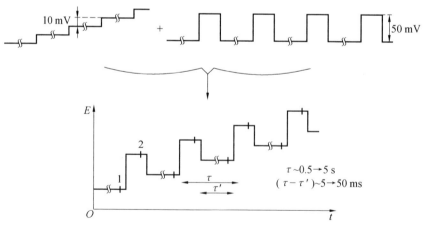

图2.32 叠加在阶梯上的微分脉冲伏安波形

基础电位是在一个阶梯实现,并且与阶梯波形的脉冲相比,该脉冲是10或更短的一个因子。两个采样电流之差对阶梯电势作图形成了一个波形峰,如图2.33所示。

对于可逆系统,峰值出现的电势为:$E_P = E_{1/2} - \Delta E/2$,其中,$\Delta E$ 是脉冲幅度,电流由下式给出:

$$I_P = \frac{nFAD^{1/2}C}{\pi^{1/2}t^{1/2}}\left(\frac{1-\alpha}{1+\alpha}\right) \quad (2.68)$$

其中

$$\alpha = \exp\left(\frac{nF\Delta E}{2RT}\right) \quad (2.69)$$

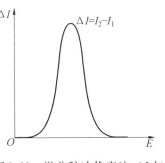

图 2.33 微分脉冲伏安法:ΔI 与阶梯电位的伏安曲线

DPV 是有用的,因为其消除了非法拉第(电容)过程的贡献,非法拉第过程被有效地扣除。由图 2.34 可知,对于超螺旋质粒 DNA,DPV 的作用是显而易见的,利用它可将采用线性扫描伏安法得到的弱电化学信号转化为可量化、美观的伏安特征。

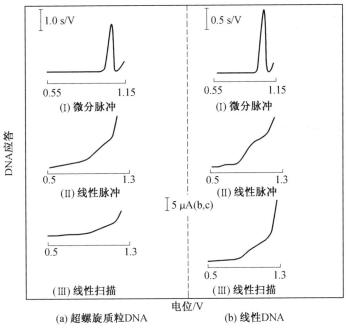

(a) 超螺旋质粒DNA   (b) 线性DNA

图 2.34 15 μg·mL^{-1} 的超螺旋质粒 DNA 和 15 μg·mL^{-1} 的线性 DNA 的伏安曲线(阳极信号对应于 DNA-G 残留的电化学氧化。经 Elsevier 许可,转载自参考文献[3])

此外,DPV 对于解析因两种半波电位产生了容易量化的峰形响应而产生的伏安信号是有用的。如同时检测抗坏血酸和对乙酰氨基酚时,由于其重叠伏安响应,检测时会存在问题。具体例子如图 2.35 所示。

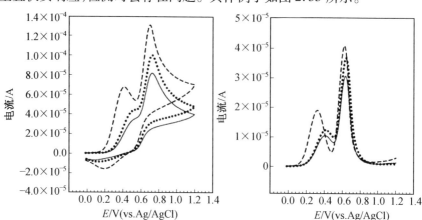

图 2.35 0.1 mmol/L 抗坏血酸和 0.1 mmol/L 对乙酰氨基酚在醋酸缓冲溶液
(0.1 mol/L,pH=4.0)中不同电极表面的伏安曲线
(修饰碳糊电极(实线)、碳糊电极(点线)和多壁碳纳米管/硫堇修饰电极
(短画线)的扫描速率为 100 mV·s^{-1}。经 Elsevier 许可,转载自参考文献
[19])

如图 2.35 所示,使用一系列修饰电极比较了 CV 和 DPV。在所有情况下,当采用 DPV 时,观察到两个尖锐且很好分辨的峰;在此分析的情况下,两个峰值电位分离足以同时准确测定抗坏血酸和对乙酰氨基酚的实际样品[19]。

注意,这种响应是通过增加脉冲振幅得到的(图 2.32),但这样做的同时,峰宽也增加。这意味着,在实际应用中,超过 100 mV 的 ΔE 值是不可行的;电化学参数的精心优化显然是必需的。对于半峰宽的表达,$W_{1/2}$ 可由公式 $W_{1/2}=3.52\dfrac{RT}{nF}$ 得到,当 $n=1$ 298 K 时,得到的值为 90.4 mV,表明 50 mV 分隔的峰可以被解析。DPV 的检出限大约为 10^{-7} mol/L。

最近有文献[20]指出,实际上图 2.32 所示的波形应称为"微分多脉冲伏安法"。图 2.36 显示出了可以存在的波形范围。

微分双脉冲伏安法(DDPV),其中所述第二脉冲(t_2)的长度比所述第一脉冲(t_1)的长度短得多,$t_1/t_2=50\sim100$(图 2.36(a)),这导致了非常高的灵敏度。微分常规双脉冲伏安法(DDNPV)是指两个脉冲有类似区间 t_1 和 t_2(图 2.36(b))。

双脉冲方波伏安法(DPSWV)是指两个脉冲相等,$t_1=t_2$,并且脉冲高度

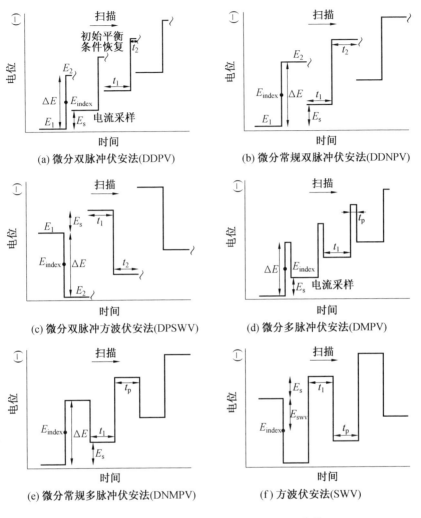

图 2.36 微分脉冲技术的"电势-时间"变化
(经 Elsevier 许可,转载自参考文献[20])

($\Delta E = E_2 - E_1$)与扫描方向相反(图 2.36(c))。因为其类似于在方波伏安法采用的"电势-时间"变化,所以它被称作双脉冲方波伏安法。微分多脉冲伏安法(DMPV)是作为 DDPV 的变量,其中初始条件在实验(图 2.36(d))期间不复原。因此,脉冲长度(t_p)比脉冲间的周期(t_1)短得多,$t_1/t_p = 50 \sim 100$。

微分常规多脉冲伏安法(DNMPV)是 DMPV 技术的多脉冲量,这使得脉冲之间的时段和脉冲的持续时间是相似的:$t_1 \approx t_p$(图 2.36(e))。最后,方波伏安法(SWV)可以看作 DNMPV 的特殊情况,其中两个脉冲的长度是相等的,$t_1 = t_p$,脉冲高度(ΔE)的符号与扫描方向(图 2.36(f))相反。

2.9 伏安技术:方波伏安法

方波伏安波形包含一个叠加在阶梯的方波,如图 2.37 所示。在正向和反向脉冲结束时都记录为阶梯电位的函数。它们之间的差、净电流,比处于半波电位中心的峰区域中的两个组分中任一组分的都大。电容的贡献可以在消失之前被忽视,因为,在正向和反向脉冲间一个小的电势范围内,电容是恒定的,可通过减法撤除。以这种方式,脉冲可以比在 DPV 中更短,方波频率更高。与 DPV 的有效扫描速率(1 ~ 10 mV·s^{-1})不同,可以采用 1 V·s^{-1} 的扫描速率。大约 10^{-8} mol/L 或更低的检出限在最佳的条件下是很容易实现的。循环伏安法的优点如下:更快的扫描速率(可以研究更快的反应)、更高的灵敏度(较低浓度可以使用)和一个较高的动态范围(可以调查大的浓度范围)。通常在电化学中,溶液用氮气强力脱气以除去电化学还原的氧,这会干扰正在研究中的伏安测量。另一种可大大降低或消除氧的干扰而无须将其移除的方法是高频率地使用 SWV。事实上,由于氧还原的不可逆性,在高频时,其信号随频率的增加较小并且与行

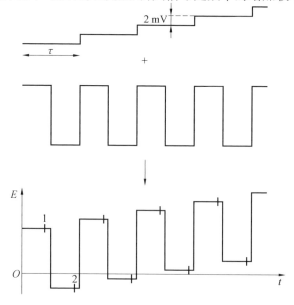

图 2.37 方波伏安法中波形显示阶梯和方波的总数

列式的响应相比最终变得微不足道[21]（图2.38）。

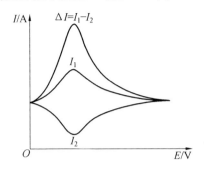

图2.38 方波伏安法中电流与梯电位的伏安曲线
（I_1代表正向；I_2代表逆扫描；ΔI为得到的伏安曲线）

2.10 伏安技术：溶出伏安法

阳极溶出伏安法（ASV）是一个极为敏感的电分析技术，对某些微量的金属检出限可达10^{-9} mol/L。ASV实验的第一阶段包括一个预浓缩步骤，在这一步中，通过控制在合适的还原电位下搅拌溶液的电解电位，分析物沉积（即金属分析物还原到其元素形式）到工作电极，如图2.39所示。

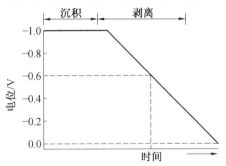

图2.39 ASV中呈现出阶段的"电位-时间"轮廓图

此过程可以写为

$$M^{n+}(aq) + ne^- \rightarrow M(电极) \quad (2.70)$$

在第二阶段中，对工作电极的电势进行扫描，将沉积的金属氧化成其离子形式，即从电极上阳极剥离（图2.39），过程如下：

$$M(电极) \rightarrow M^{n+}(aq) + ne^- \quad (2.71)$$

图2.40显示了铅和铜的这一过程。

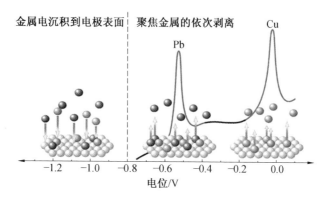

图 2.40 显示电沉积和剥离的阳极溶出伏安法示意图

另外,如图 2.41 所示,"电位-时间"分布可以用于有清洗步骤(步骤 A)的 ASV。这通常是在测量中间采用,以确保沉积的金属完全从电极表面剥离,从而提高了分析测量的可重复性。

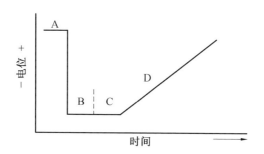

图 2.41 用于 ASV 的典型的"电位-时间"实验图案
A—清洗步骤;B—电沉积;C—平衡步骤;D—溶出步骤

图 2.42 显示了一系列金属的响应,这些金属出现在不同溶出电位,但可以一次分析。每个溶出信号的峰面积或峰高与浓度成正比,从而使伏安信号被用来分析。

除了阳极溶出伏安法,也有阴极吸附溶出伏安法。在每种情况下,类似于阳极溶出伏安法,首先都有一个预处理步骤,对于阴极剥离为

$$2M^{n+}(aq) + mH_2O \rightarrow M_2O_m(电极) + 2mH + 2(m-n)e^- \quad (2.72)$$

或

$$M + L^{m+} \rightarrow ML^{(n-m)-}(ads) + ne^- \quad (2.73)$$

对于吸附溶出

$$A(aq) \rightarrow A(ads) \quad (2.74)$$

相应的吸附溶出也可以是阴极:

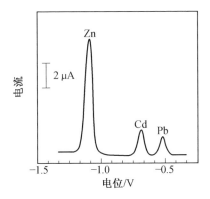

图 2.42 锌、镉和铅在相同的水溶液中测定的溶出伏安曲线

$$M_2O_m(电极)+2mH+2(m-n)e^-\rightarrow 2M^{n+}(aq)+mH_2O \quad (2.75)$$

或

$$ML^{(n-m)-}(ads)+ne^-\rightarrow M+L^{m+} \quad (2.76)$$

对于吸附溶出

$$A(ads)\pm ne^-\rightarrow B(aq) \quad (2.77)$$

为了使伏安响应得以改善,不同的电极材料(改善质量传输的尺寸)和传统汞膜电极被采用。另外,使用 DPV 和 SWV 还可以减少检测的分析极限,提高灵敏度。然而,由于汞的毒性,大量研究一直致力于寻找新的电极材料。无汞电极(如金、碳或铱)已被研究,但其整体性能还没有达到汞电极的水平[22]。一种已验证的替代方法是使用铋膜电极(对各种碳基材),它提供高品质的剥离性能,可与汞电极媲美[22,34]。

图 2.43 所示是一种原位改性铋膜电极的剥离性能(赤裸的/改性电极),这也显示了相应的对照实验(裸露/未修饰电极)。对于含有 50 μg/L 的铅和镉的样品电极,在裸玻璃碳和碳纤维电极没有观察到剥离信号。与此相反,在样品中加入 400 μg/L 铋,伴随着目标金属的沉积,两种分析物及铋的剥离峰是尖锐且不扭曲的。

铋修饰电极的改性(通过原位和非原位)使用已经成为各种目标分析物电分析共同体的支柱[23]。

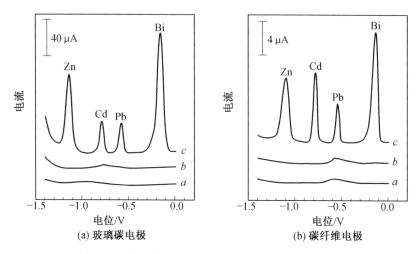

图 2.43 玻璃碳电极和碳纤维电极的溶出伏安曲线

a—0.1 mol/L 醋酸溶液（pH=4.5）；b—在 a 中添加 50 μg/L、Zn^{2+}、Cd^{2+} 和 Pb^{2+}；c—在 b 中添加 400 μg/L Bi^{3+}

（在−1.4 V 沉积 120 s；在+0.3 V 清洗 30 s。方波伏安溶出的扫描频率为 20 Hz，电位阶跃为 5 mV，振幅为 20 mV。经许可转载自参考文献[32]，版权归 2000 美国化学学会所有）

2.11 吸 附

在某些情况下，与其让被研究的分析物经历简单的扩散过程，还不如让感兴趣的物质吸附到电极表面，从而产生不同的伏安方法。图 2.44 所示为一个造型独特的通常伏安轮廓。由于吸附物不必扩散到电极表面，因此观察到的伏安图是对称的。

对于可逆过程，峰值电流与表面覆盖率（C）和电位扫描速率直接相关：

$$I_P = \frac{n^2 F^2 \Gamma A v}{4RT} \tag{2.78}$$

峰积分示于图 2.44 中，电量（Q）是推导出来的，这与表面覆盖率相关，由以下表达式给出：

$$Q = nFA\Gamma \tag{2.79}$$

如图 2.44 所示，其半峰宽由下式给出：

$$\text{FWHM} = \frac{3.53RT}{nF} \tag{2.80}$$

对一个吸附物质的判断是探索扫描速度对伏安响应的影响,对于扫描速率 t, I_p 应该产生线性响应。一个实际的例子示于图 2.45,其中,在一个 BPPG 表面,血红蛋白(Hb)-磷脂酰胆碱(DMPC)薄膜被固定。

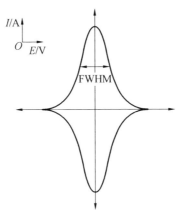

图 2.44　吸附物质可逆反应的循环伏安响应

图 2.45(a)显示了修饰电极明显的伏安响应,在图中可以看到峰值电流随扫描速率的变化曲线。观察到近对称循环伏安曲线有大致相等的还原和氧化峰高,这是薄层电化学行为的特征。如图 2.45 所示,在所选择的扫描速率范围内阴极和阳极峰电位都几乎没有变化。lg(峰值电流)针对 lg(扫描速率)的曲线是线性的,其斜率为 0.98(相关系数为 0.999)。而根据式(2.78),对于所预测的薄层伏安法,其理论斜率为 1。可以看到,两者非常接近[24]。

在实际情况中,所吸附的物质可以被弱吸收或强吸收。在这些情况下,人们通常指的是被吸附的反应物,反应物和产物的吸附伏安曲线如图 2.46 所示。

值得注意的是,对于强烈吸附的反应物(图 2.46(d)),在溶液相伏安峰之前有前峰,而在产物被强吸附的情况下,吸附波在溶液相峰后出现(图 2.46(c))。用高度照射改变伏安扫描速率的影响,图 2.47 所示为强烈吸收产物的情况,其中,在慢扫描速率(见曲线 A)的吸附波相对于第一扩散峰是大的。随着扫描速度的增加,吸收峰的电流减小而扩散峰的电流增大。在扫描速率非常高时吸附波不存在(见曲线 D)[25]。

还有另一种情况可以产生独特的伏安。在研究新材料时,如碳纳米管和石墨烯(本手册的焦点),研究人员通常将所选择的纳米管分散到非水溶剂中,并等量置入所选择的工作电极。将此改性的表面进行干燥以蒸发

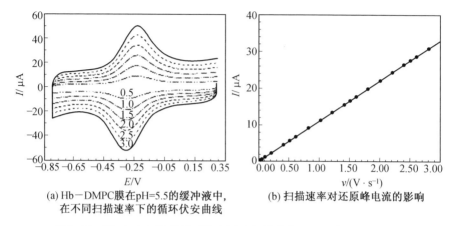

(a) Hb-DMPC膜在pH=5.5的缓冲液中，在不同扫描速率下的循环伏安曲线

(b) 扫描速率对还原峰电流的影响

图 2.45　Hb-DMPC 膜的循环伏安图及扫描速率对还原峰电流的影响

(经 Elsevier 许可，转载自参考文献[24])

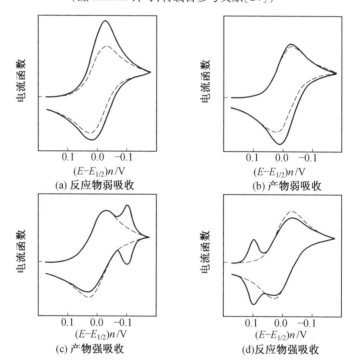

(a) 反应物弱吸收

(b) 产物弱吸收

(c) 产物强吸收

(d) 反应物强吸收

图 2.46　反应物和产物的吸附伏安曲线

(虚线为无吸附情况下的响应。经许可转载自参考文献[25]，版权归 1967 美国化学学会所有)

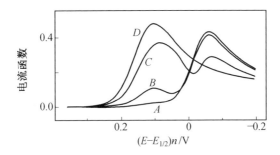

图 2.47 各种扫描速率下强烈吸收产物的伏安响应

$A—1\ V\cdot s^{-1}$; $B—25\ V\cdot s^{-1}$; $C—625\ V\cdot s^{-1}$; $D—2\ 500\ V\cdot s^{-1}$

(经许可转载自参考文献[25],版权归1967美国化学学会所有)

溶剂,从而使纳米管固定在电极表面,这是电化学研究(即滴涂方法)。此改性碳纳米管电极表面示于图2.48。已经表明,该纳米管修饰的电极具有多孔表面,其中电活性物质的"口袋"被截留在多层碳纳米管之间,截留物质类似于一个薄层细胞[26]。多孔纳米管层具有很大的表面积,电极被认为与"薄层"溶液接触(该物质被捕获在纳米管结构内)。在这种情况下,存在一种呈扩散状态的混合物。

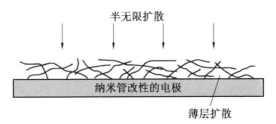

图 2.48 有助于在多孔 CNT 改性的电极上观察到
电流的两种扩散机制的示意图

(经 Elsevier 许可,转载自参考文献[26])

图 2.49 显示了当更多的纳米管材料固定在电极表面上时所观察到的伏安曲线,其中伏安峰高度有明显的改善,电势值降到更低值。这样的响应被认为是由于纳米管本身的电催化性质,而不是质量传递的简单改变。

当薄层扩散为主导时,ΔE_P从扩散变到薄层,使得所述峰-峰的分离减小,会让人错误地以为具有快速电子转移性能的材料正产生响应。当正在探索吸附物质时,需要小心处理,因为这将产生薄膜型伏安[27]。薄层扩散和吸附效果的确不容易区别,尤其是在吸附是快速可逆的情况下。当存在缓慢的吸附(和解吸)动力学时,"记忆效应"的存在与否就是有用的。如

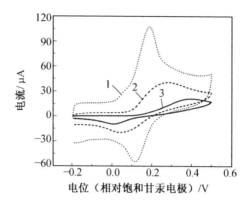

图 2.49 不同质量的 MWCNTs 修饰改性的玻碳电极上,以 100 mV·s^{-1} 扫描时, 1 mmol/L 多巴胺的重叠伏安曲线

1—2.0 μg;2—0.4 μg;3—0 μg

(经 Elsevier 许可,转载自参考文献[26])

果接触目标溶液后,能够将电极转移到不含分析物的新电解液中,且伏安信号被保留或者信号在一个时间周期内稳定地增加,则可以推断吸附效果[27]。

上述章节是为了让初学者了解界面电化学,亦可用于解释后面章节中的数据。读者可以从下面内容中获取更多的电化学信息[6,28]。

2.12 电极材料

有一些商业化的工作电极利用大量的石墨制品,如无定形碳、玻璃碳、炭黑、碳纤维、石墨粉末、热解石墨(PG)和高度有序的热解石墨(HOPG),其具有不同的化学和物理性能。使不同材料具有不同结构的关键因素是平均石墨微晶的大小(也称为横向粒径),L_a 是有效的可组成宏结构的六方晶格结构的平均尺寸。原则上,它可以无限大,如石墨的宏单晶;也可以很小,如苯环分子(约 0.3 nm)。事实上,最小的 L_a 值被发现在无定形碳、玻璃碳、炭黑中,其可以低至 1 nm。碳纤维和热解石墨是范围中间体,L_a 值分别为 10 nm 和 100 nm。根据材料的种类进行比较,如图 2.50 所示。图 2.50 揭示了最大尺寸的石墨单晶被发现在高品质(ZYA 和 SPI 1 级)的 HOPG 中,其 L_a 可以是 1~10 μm。

石墨单晶彼此相接的区域(即晶界)很难确定,暴露在外会导致表面缺陷。对于热解石墨,单独的石墨微晶沿同一轴线使其能够获得显著缺陷

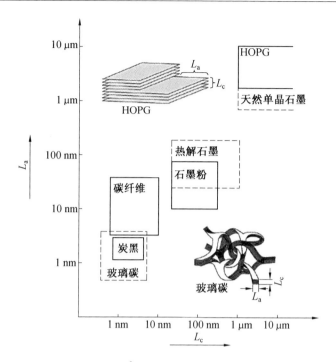

图 2.50　不同 sp^2 碳材料的 L_a 和 L_c 值的近似范围
（注意：L_a 和 L_c 的历史样本值出现了大的变化，因此给出的值应是具有代表性的，而且是近似的。HOPG 和玻璃碳的 L_a 和 L_c 微晶特征示意图也已给出）

少的碳表面。对于 HOPG 尤其如此，其中，大的横向晶粒尺寸可以产生一个低缺陷覆盖率（0.2%）的表面[29]。

在第 3 章，我们将研究石墨烯的电化学行为，以致力于了解这种独特的材料。

本章参考文献

[1] DAVIES T J, BANKS C E, COMPTON R G. Voltammetry at spatially heterogeneous electrodes [J]. Journal of Solid State Electrochemistry, 2005, 9(12):797-808.

[2] MATSUDA H, AYABE Y. Zur theorie der randles-sevcikschen kathodenstrahl-polarographie[J]. Zeitschrift Für Elektrochemie Berichte Der Bunsengesellschaft Für Physikalische Chemie, 1955,59(6):494-503.

[3] NICHOLSON R S. Theory and application of cyclic voltammetry for meas-

urement of electrode reaction kinetics[J]. Analytical Chemistry, 1965, 37(11):1351-1355.
[4] KLINGLER R J, KOCHI J K. Electron-transfer kinetics from cyclic voltammetry: quantitative description of electrochemical reversibility[J]. The Journal of Physical Chemistry, 1981,85(12):1731-1741.
[5] LAVAGNINI I, ANTIOCHIA R, MAGNO F. An extended method for the practical evaluation of the standard rate constant from cyclic voltammetric data[J]. Electroanalysis, 2004,16(6):505-506.
[6] BARD A J, FAULKNER L R. Electrochemical methods: fundamentals and applications. [J]. Russian Journal of Electrochemistry, 2002, 38(12): 1364-1365.
[7] STULIK K, AMATORE C, HOLUB K, et al. Microelectrodes, definitions, characterization, and applications (technical report)[J]. Pure & Applied Chemistry, 2009,72(8):1483-1492.
[8] TESTA A C, REINMUTH W H. Stepwisereactions in chronopotentiometry [J]. Analytical Chemistry, 1961,33(10):1320-1324
[9] NI J A, JU H X, CHEN H Y, et al. Amperometric determination of epinephrine with an osmium complex and nafion double-layer membrane modified electrode[J]. Analytica Chimica Acta, 1999,378(378):151-157.
[10] COMPTON R G, BANKS C E. Understanding Voltammetry[J]. Electrochemistry, 2007:691-710.
[11] VASANTHA V S, CHEN S M. Synergistic effect of a catechin-immobilized poly(3,4-ethylenedioxythiophene)-modified electrode on electrocatalysis of NADH in the presence of ascorbic acid and uric acid[J]. Electrochimica Acta, 2006,52(2):665-674.
[12] SHOUP D, SZABO A. Chronoamperometric current at finite disk electrodes[J]. Journal of Electroanalytical Chemistry and Interfacial Electrochemistry, 1982,140(2):237-245.
[13] ABYANEH M. Y. Extracting nucleation rates from current-time transients (Part I): the choice of growth models[J]. Journal of Electroanalytical Chemistry, 2002, 530(1-2):82-88.
[14] ABYANEH M Y, FLEISCHMANN M. Extracting nucleation rates from current-time transients (Part II): comparing the computer-fit and pre-pulse method [J]. Journal of Electroanalytical Chemistry, 2002, 530(1-2):89-95.
[15] ABYANEH M Y. Extracting nucleation rates from current-time transients

(Part Ⅲ): nucleation kinetics following the application of a pre-pulse [J]. Journal of Electroanalytical Chemistry, 2002, 530(1-2): 96-104.
[16] DEUTSCHER R L, FLETCHER S. Nucleation on active sites(Part Ⅳ): invention of an electronic method of counting the number of crystals as a function of time, and the discovery of nucleation rate dispersion[J]. Journal of Electroanalytical Chemistry & Interfacial Electrochemistry, 1988,239(1-2):17-54.
[17] DEUTSCHER R L, FLETCHER S. Nucleation on active sites(Part Ⅴ): the theory of nucleation rate dispersion[J]. Journal of Electroanalytical Chemistry, 1990,277(1):1-18.
[18] WILKE C R, CHANG P. Correlation of diffusion coefficients in dilute solutions[J]. Aiche Journal, 1955,1(2):264-270.
[19] SHAHROKHIAN S, ASADIAN E. Simultaneous voltammetric determination of ascorbic acid, acetaminophen and isoniazid using thionine immobilized multi-walled carbon nanotube modified carbon paste electrode [J]. Electrochimica Acta, 2010,55(3):666-672.
[20] MOLINA A, LABORDA E, MART NEZ-ORTIZ F, et al. Comparison between double pulse and multipulse differential techniques[J]. Journal of Electroanalytical Chemistry, 2011,659(1):12-24.
[21] BARROS A A, RODRIGUES J A, ALMEIDA P J, et al. Voltammetry of compounds confined at the hanging mercury drop electrode surface[J]. Analytica Chimica Acta, 1999,385(1-3):315-323.
[22] WANG J, LU J, KIRGÖZ Ü, et al. Insights into the anodic stripping voltammetric behavior of bismuth film electrodes [J]. Analytica Chimica Acta, 2001,434(1):29-34.
[23] S VANCARA I, PRIOR C, HO CEVAR S B, et al. A decade with bismuth-based electrodes in electroanalysis[J]. Electroanalysis, 2010,22 (13):1405-1420.
[24] YANG J, HU N. Direct electron transfer for hemoglobin in biomembrane-like dimyristoyl phosphatidylcholine films on pyrolytic graphite electrodes [J]. Bioelectrochemistry & Bioenergetics, 1999,48(1):117-127.
[25] WOPSCHALL R H, SHAIN I. Effects of adsorption of electroactive species in stationary electrode polarography [J]. Analytical Chemistry, 1967,39(13):1514-1527.
[26] STREETER I, WILDGOOSE G G, SHAO L, et al. Cyclic voltammetry on electrode surfaces covered with porous layers: an analysis of electron

transfer kinetics at single-walled carbon nanotube modified electrodes [J]. Sensors & Actuators B Chemical, 2008,133(2):462-466.

[27] HENSTRIDGE M C, DICKINSON E J F, ASLANOGLU M, et al. Voltammetric selectivity conferred by the modification of electrodes using conductive porous layers or films: the oxidation of dopamine on glassy carbon electrodes modified with multiwalled carbon nanotubes[J]. Sensors and Actuators B Chemical, 2010,145(1):417-427.

[28] WANG J. Analytical Electrochemistry[M]. 2nd ed. New York: Wiley-VCH, 2000.

[29] BANKS C E, DAVIES T J, WILDGOOSE G G, et al. Electrocatalysis at graphite and carbon nanotube modified electrodes: edge-plane sites and tube ends are the reactive sites[J]. Chemical Communications, 2005(7):829-841.

[30] YAGATI A K, LEE T, MIN J, et al. Electrochemical performance of gold nanoparticle-cytochrome C hybrid interface for H_2O_2 detection [J]. Colloids and Surfaces B: Biointerfaces, 2012,92(4):161-167.

[31] WANG Y J, ROGERS E I, COMPTON R G. The measurement of the diffusion coefficients of ferrocene and ferrocenium and their temperature dependence in acetonitrile using double potential step microdisk electrode chronoamperometry[J]. Journal of Electroanalytical Chemistry, 2010, 648(1):15-19.

[32] CAI X, RIVAS G, FARIAS P A M, et al. Trace measurements of plasmid DNAs by adsorptive stripping potentiometry at carbon paste electrodes[J]. Bioelectrochemistry and Bioenergetics, 1996,40(1):41-47.

[33] WANG J, LU J, HOCEVAR S B, et al. Bismuth-coated carbon electrodes for anodic stripping voltammetry[J]. Analytical Chemistry, 2000,72(14):3218-3222.

[34] TOMES J. Polarographic studies with the dropping mercury kathode(LXII): verification of the equation of the polarographic wave in the reversible electrodeposition of free kations[J]. Collection of Czechoslovak Chemical Communications, 1937(9):12-21.

第3章 石墨烯电化学

本章主要介绍研究人员用石墨烯作为电极材料的电化学行为。同时，为了更好地学习石墨烯，首先要了解石墨及其他类石墨材料，这些材料已被研究数十年并早已应用到电化学领域。

3.1 石墨电化学基础

碳基电极材料在电化学领域得到了广泛应用，而且在多个应用领域都表现出优于传统贵金属材料的性能，以至于碳基材料一直是材料研究领域的前沿[1]。碳材料的优越性主要表现在自身的结构多样性、化学稳定性、低成本、宽的电压窗口、电化学的相对惰性、丰富的表面化学和电催化活性[1,2]。

天然石墨表面呈现出多样化（各向异性），由于其两种不同结构而表现出的化学与电化学反应活性也大大不同，这两种结构是石墨电极的基本构成，即边缘和基面[1]。如第2章所述，平面内（L_a，或基面）和平面间（L_c，或边缘面）微晶的值定义了碳材料的不同结构特征，具有高度有序结构的热解石墨（HOPG）呈现出最大的石墨单晶体，其被发现于高品质（ZYA和SPI-1级）的HOPG中。热解石墨是由 c 轴垂直于衬底表面上优选的结晶取向度高的石墨材料（图3.1），它可以通过热解碳石墨化或通过极高温度（2 500 K）下的化学气相淀积（CVD）热处理方法获得。热解石墨可以在高压和高温下热加工退火产生HOPG。该HOPG的晶体结构如图3.1所示，其特点是碳原子排列在堆叠的平面层，其中，石墨结构是由这些相同叠加平面的连续交替组成。石墨单个平面内的碳原子比与相邻平面的碳原子间有更强的相互作用（这用来解释石墨的断裂行为）。

值得注意的是，一种单原子厚度的碳被称为石墨烯，其晶格包括两个等效贯穿的次级三角碳格，分别用A和B表示（图3.1），每个晶格包含一半的碳原子。每个碳原子在该平面内有三个最近的相邻原子：一个次晶格

(图 3.1 中 A)位于由另一个次晶格(图 3.1 中 B)的三个最近邻原子确定的三角形中心。石墨烯晶格包含两个碳原子,定义为 A 和 B,每个晶胞单元在 120°下围绕任意晶格中心旋转。

"马赛克扩散角"这个术语是通过 X 射线晶体学来测量 HOPG 质量的,X 射线晶体学是利用 CuKα 射线来测量摆动曲线的半峰全宽无序的 HOPG 产生宽的(002)衍射峰,无序状态越大,呈现的峰值越宽。马赛克扩散角的测量值不仅取决于晶体质量,还取决于反射光束的能量和横截面。

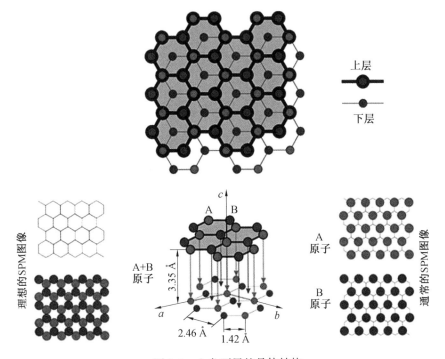

图 3.1　六角石墨的晶体结构

(六角石墨晶体结构的示意图,显示了体单元。侧面插图:石墨基面的俯视图和石墨表面结构(碳原子)的示意图,其中每个原子都被增强(右侧插图);理想条件下,每个原子都被看到(左侧插图)。图片来自参考文献[3])

如图 3.2 所示,HOPG 表面自上而下的示意图显示了离散的边缘平面和基面,侧视图突出显示了由所选 HOPG 质量决定的边缘平面和基面的位置/缺陷。图 3.2(d)为 HOPG 表面的扫描隧道显微镜(STM)图,可见其六角晶体结构。值得注意的是,依据石墨的电化学性能,已经推断出了边缘

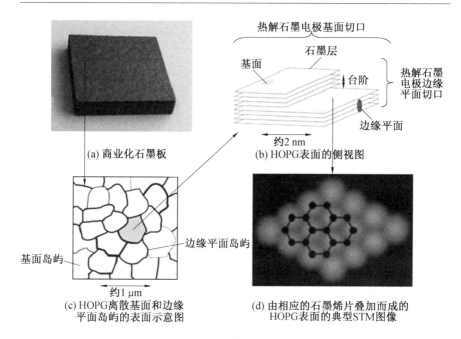

图 3.2 HOPG 表面相关示意图

(突出它的基面和边缘平面位缺陷,这些缺陷在电化学活性方面表现出截然不同的行为,后者相比前者的电子转移动力学占据压倒性优势)

和基面的电化学活性是明显的(见第 3.1.2 节),因此,边缘平面类位点/缺陷上的电化学反应比基面上的反应快得多(表现出更大的反应活性)[4-6]。依据碳的其他同素异形体,图 3.3 所示为所收集其他石墨材料的 L_a 与 L_c 值,其中 HOPG 的 L_a 与 L_c 值明显大于 1 μm,而对于多晶石墨为 10 ~ 100 nm,对于炭为 1 ~ 10 nm。

石墨烯是依赖不同的制造方法获得的强调结构变化通过商业获得的一系列商品。石墨烯的 L_a 值为 50 ~ 3 000 nm,(单层)石墨烯的 L_c 值仅为 0.34 nm。

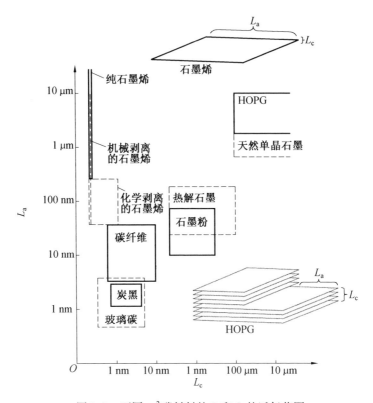

图 3.3　不同 sp^2 碳材料的 L_a 和 L_c 的近似范围

(L_a 和 L_c 的历史样本值变化较大,因此显示值应该被认为是具有代表性的,但其是近似的。原始石墨烯来自"石墨烯市场",由无基质气相合成法制得[7,8]。化学剥离的石墨烯通过表面活性剂插层法从"纳米集成体"中获得(注意,这一范围也代表了通过其他化学剥落途径(如还原 GO)生产的石墨烯);机械剥离的石墨烯通过"透明胶带法"制备。值得注意的是,通过 CVD 合成的石墨烯已经排除了晶体尺寸和品质的影响,直径高达 0.5 mm 的单一石墨烯晶体已被报道。石墨烯和 HOPG 的 L_a 和 L_c 微晶特征示意图也已经给出[11,12]。经英国皇家化学学会许可,转载自参考文献[13])

3.1.1　石墨材料的电子特性(DOS)

对于电极材料来说,其中一个重要的参数是电子特性,即电子态密度(DOS),不同的石墨结构具有不同的电子态密度。金典型的电子态密度为 $0.28 \text{ atom}^{-1} \cdot \text{eV}^{-1}$。由于在高电子态密度的能带中,原子轨道所占比例较大,因此金具有较高的电导率[1]。对于一个给定的电极材料,具有高的电子态密度可以增加电子从电极上获得能量的可能性,从而使其转移到电活性物质上。因此,异构电子转移速率取决于电极材料的电子态密度[1]。HOPG 整体的电子态密度相对于金属材料更低,但是在接近费米能级处尤其低,而且已经有报告指出,HOPG 具有最小的电子态密度大约为 0.0022 $atom^{-1} \cdot eV^{-1}$,仅仅是金的 0.8%。

通过引入缺陷可以使石墨材料中的电子态密度增加,例如,通过改变电活性物质的数量可以使其电子传输速率增加。在外球电子转移系统中,通过改善碳的电子结构可以使电子转移速率增加;然而在内球系统中,特殊的表面反应对电子转移速率也有一定的影响[14]。对于完美的或纯净的 HOPG 基表面,理论上不存在边缘平面、表面官能团及悬挂键,这是因为碳原子具有适合的价态[1]。当引进缺陷时,例如通过电极表面的机械粗糙化,电极表面将受到破坏,从而产生表面缺陷,即边缘平面位点,使其电子态密度增加[1]。更极端的是,将石墨材料表面改变成完全不同的结构(L_a 和 L_c,见图3.1和图3.3),可以使其向着边缘面热解石墨(EPPG)进行转变,EPPG 具有高的边缘平面位点比例,因此可以观察到电子转移速率得到了改善。

石墨材料的电子特性是高度相关和重要的,其中,依赖于能量的电子态密度对电子转移具有重大影响。需要注意的是,石墨材料的表面电化学特性是不同的,在研究这些材料的电化学特性时,这是至关重要的[1]。石墨材料的这些性质可以应用到石墨烯中。对于石墨烯的电子态密度,可以从 HOPG(多层石墨烯)入手,去理解其电化学反应。对于一个扩散外球电子转移过程,标准的电化学反应速率常数 k^0 可以由下式进行定义:

$$k^0 = \frac{(2\pi)^2 \rho (H_{DA}^0)^2}{\beta h (4\pi\Lambda)^{1/2}} \exp\left[-\frac{\Lambda}{4}\right] I(\theta, \Lambda) \quad (3.1)$$

其中,ρ 表示电极材料中的电子态密度;H_{DA}^0 表示最接近的电子耦合矩阵;$\Lambda = (F/RT)\lambda$,其中 λ 表示重组能;β 表示与其相关的电子耦合衰减系数;h 表示普朗克常量。$I(\theta, \Lambda)$ 的积分式如下:

$$I(\theta, \Lambda) = \int_{-\infty}^{+\infty} \frac{\exp[-(\varepsilon - \theta)^2/4\Lambda]}{2\cosh[\varepsilon/2]} dE \quad (3.2)$$

其中,$\theta = F/RT(E - E_f^0)$,E_f^0 为标准电极电势,因此从公式(3.1)中可以看出,电子态密度与标准的电化学反应速率常数 k^0 之间有一个直接的关系。因此可以像解释电子态密度变化一样来解释石墨烯,其在费米能级处有一个最小的能量函数[16]。例如,已经表明了电子转移是非绝热的以及该电子转移的速率随着施加的电位函数进行变化,可以由式(3.1)的球外氧化还原体系证明。

已经有报道指出,原始石墨烯在费米能级处的电子态密度为0,而且会随着边缘平面的缺陷的增加而增大[17-19],相反在石墨烯纳米带的锯齿状边缘的边缘平面点具有高的电子态密度[19]。其他实验也表明,根据石墨终端边缘的不同,其DOS是可变的[21]。因此,在理论上,石墨烯(单层的HOPG结构)的电子态密度应该与HOPG的电子态密度相似,即没有缺陷的原始石墨烯应该具有比较差的电化学性质(见上文);相反,具有高密度缺陷的石墨烯,其电化学反应速率常数得到了改善。

在大量关于石墨烯的报道中,已经证实石墨烯的边缘比其基底面更具有反应活性。例如,使用拉曼光谱的斯特拉诺和其同事报道了石墨烯的反应性能[22],即单层、双层、少量和多层石墨烯与4-硝基苯重氮四氟硼酸盐的电子转移化学反应,斯特拉诺等人[22]用Gerischer-Marcus理论来解释他们观察到的现象,阐述如下:电荷转移速度依赖于反应物的电子态密度,而不仅仅与费米能级有关。式(3.3)给出了可观测到的电子转移反应速率$k_{\text{Graphene}}^{\text{OBS}}$的表达式,$W_{\text{OX}}(\lambda, E)$表示在溶液中的电子受体的未氧化还原状态的分布,具体公式见式(3.4)。$\text{DOS}_{\text{Graphene}(N=1/N=2)}$表示$N=1$时石墨烯的电子态密度,以及$N=2$时的双层石墨烯的电子态密度;$\varepsilon_{\text{OX}}$表示比例函数。

$$k_{\text{Graphene}}^{\text{OBS}} = D_n \int_{E_{\text{pdox}}}^{E_{\text{F}}^{\text{Graphene}}} \varepsilon_{\text{OX}}(E) \text{DOS}_{\text{Graphene}(N=1/N=2)}(E) W_{\text{OX}}(\lambda, E) \text{d}E \quad (3.3)$$

$$W_{\text{OX}}(\lambda, E) = \frac{1}{\sqrt{4\pi\lambda kT}} \exp\left\{-\frac{[\lambda - (E - E_{\text{redox}})]^2}{4\lambda kT}\right\} \quad (3.4)$$

通过斯特拉诺等人的计算表明双层石墨烯的活性是单层石墨烯的1.6倍[22],因此,基于电子态密度也可以表明双层石墨烯(或者多个石墨烯层组成的石墨结构)比单层石墨烯更加具有活性,这对石墨烯作为电极材料具有显著的影响。在3.2节中我们将进一步进行详细的解释。

3.1.2 异构石墨表面的电化学

HOPG的电化学特征和反应已经被康普顿和他的合作者们验证[5],他们证明了边缘面的点缺陷是HOPG电化学活性的主要起源。图3.4为异质HOPG的表面示意图,参照图3.2(b)和(c),其中有两个独特的结构特征,即边平面与基面点,有各自的电化学活性和不同的巴特勒-沃尔默方程、k_0及α。

如图3.5所示,使用一个简单的氧化还原对,描述了当使用基面热解

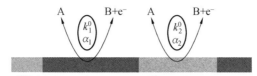

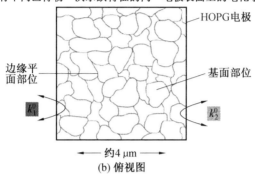

(a) 发生在具有不同巴特勒－沃尔默特征的同一电极表面上的电化学反应示意图

(b) 俯视图

图 3.4 异质 HOPG 的表面示意图

石墨(BPPG)(Ⅰ)或高定向热解石墨(HOPG)的棱面热解石墨(EPPG)电极(Ⅱ)时获得的电压和假设只存在线性扩散的响应数值仿真做对比。因此，在电极表面的所有部分具有均匀的(不适当的)电化学活性。对于图3.5,要注意的两个特征：①在峰与峰之间存在一个明显的分离，即 ΔE_P,观察到(Ⅲ)超过了(Ⅱ)的 EPPG 伏安响应；②配合直漫射(Ⅲ)仿真不完全令人满意，尤其是在返回扫描中观察到了更为显著的低的返回峰(电流)[23]。结果表明，将 HOPG 表面(如图 3.2 和 3.4 所示)看作一个由边缘平面纳米带组成的非均相表面，则可以准确、定量地模拟观察到的伏安特征(Ⅰ),该非均相表面被认为是电催化，而基面岛是电催化惰性[5]。

图 3.6 描述了 HOPG 表面是如何通过扩散域方法进行数值模拟的，其中每个基面岛和周围的边缘面带被认为是部分(或几乎完全)被基面石墨覆盖的边缘面石墨圆片，使得边缘面和基面的面积一致。由于岛和带被其他岛/带组合所包围，很少甚至没有电活性物质从一个岛传递到其邻岛[5,23]。

该圆片被视作无净通量通过的独立的圆柱形实体。图 3.6 所示的这些单位晶胞一般称为扩散域，图中突出显示了两个电极材料(边缘面和基底面)。因此，整个 HOPG 电极的伏安响应为电极表面每个区域的伏安响应之和。另外，该图还显示一个单一扩散域的单元及其所采用的圆柱极坐标系，其中半径为 R_0 的交互作用圆柱形单元是围绕着半径 R_b 的所在部分

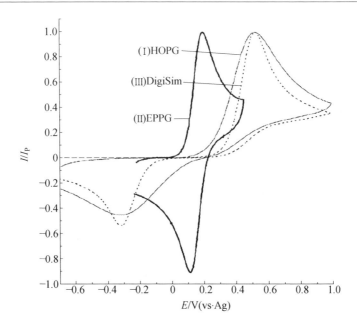

图 3.5 伏安响应示意图

(扫描速率为 1 V·s^{-1} 时,在基面 HOPG 电极与 EPPG 电极上记录的在 1 mol/L KCl 中氧化 1 mmol/L 亚铁氰化物的循环伏安图,虚线是只使用线性扩散[DigiSim$^{(R)}$]的模拟。经英国皇家化学学会许可,转载自参考文献 [23])

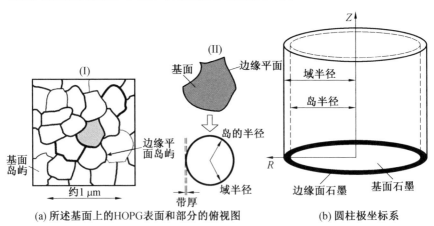

(a) 所述基面上的HOPG表面和部分的俯视图　　(b) 圆柱极坐标系

图 3.6 通过扩散域的方法模拟仿真 HOPG 表面

(将每个岛/带组合近似为相同面积的部分覆盖圆片。需要注意的是,岛半径为 R_b,域半径为 R_0。经英国皇家化学学会许可,转载自参考文献[23])

覆盖的圆形区块区域,其中的区域 $\theta = R_2^b/R_2^0$ 使得表面的环状区块的基底部位及边缘部位的区域面积分别为 $(1-\theta)\pi R_0^2$ 和 πR_0^2,允许存在不同边缘的效果点,同时也保持表面覆盖恒定。岛半径 R_b 及域半径 R_0 包括边缘平面的点/频带的宽度。如图 3.7 所示,边缘平面纳米带信号的 ΔE_P 依赖于边缘平面覆盖范围,并且该域的大小对观察到的电压几乎没有影响,也就是说,非线性扩散随着域尺寸的增加而变得无足轻重。需要注意的是,HOPG 最大横向晶粒直径为 1~10 μm,从而导致 R_0 的最大值为 0.5~5 μm,这种边缘平面内的覆盖导致基面上有明显的惰性[23],HOPG 响应产生于基面石墨的纳米带,而不是边缘面石墨。

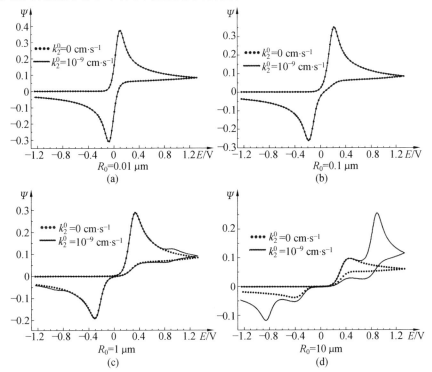

图 3.7　固体曲线模拟量纲和当前循环伏安图的扩散区域

($D = 6.19 \times 10^{-6} \text{cm}^2 \cdot \text{s}^{-1}$,$k_1^0 = k_{\text{edge}}^0 = 0.022 \text{ cm} \cdot \text{s}^{-1}$,$k_2^0 = k_{\text{basal}}^0 = 10^{-9} \text{ cm} \cdot \text{s}^{-1}$,$v = 1 \text{ V} \cdot \text{s}^{-1}$,带厚度为 1.005 nm,域半径为 0.01 μm、0.1 μm、1 μm 及 10 μm。覆盖在每部分的都是模拟的惰性当量(点线),即 $k_2^0 = k_{\text{basal}}^0 = 0 \text{ cm} \cdot \text{s}^{-1}$。经 Elsevier 许可,转载自参考文献[5])

康普顿小组的进一步工作是对"双峰概念"[24]进行了详细研究,建立一个 HOPG 表面微区的数组;单元晶胞示于图 3.8(a)。图 3.9 描述了电化学异质表面的响应,突出了微带宽度连同所使用的域坐标的影响,其中所覆盖表面的覆盖率由下式给出:$\theta_{band} = r_{band}/r_{domain}$。

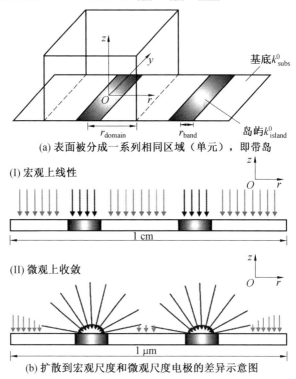

(a) 表面被分成一系列相同区域(单元),即带岛

(b) 扩散到宏观尺度和微观尺度电极的差异示意图

图 3.8 带岛及扩散到不同尺度电极的差异
(较暗的区域表示岛有较快的动力学(r_{band}区)。经英国皇家化学学会许可,转载自参考文献[24])

图 3.9(a)表明,当带宽增加时,扩散图案由明显收敛(如图 3.8(b)所示)变为线性,峰由一个变为两个,峰电流下降。电化学反应较慢的基底上的电活性物质消耗到很大程度时,基底对电活性物质扩散的影响较小,因而观察到上述伏安法测定有更少的影响[24]。耗尽层被称为扩散层,通过式(2.32)给出。其中用于伏安法测定 t 改为"$\Delta E = v$",ΔE 为在其上发生的电解电位,τ(被称为 T_{PEAK})是从初始电压开始扫描到电流达到最高值时所需的时间,有[24]

$$\sqrt{2Dt_{peak}} \gg r_{sep} \tag{3.5}$$

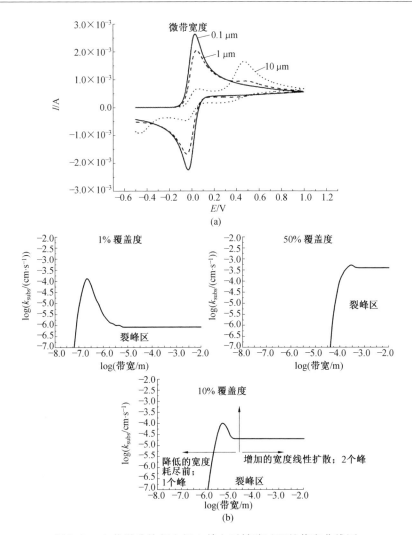

图3.9 电化学非均相电极上单电子转移过程的伏安曲线图

(该电极由分布在面积为 1 mm² 的基底材料($k^0 = 10^{-6}$ cm·s^{-1})上的一系列微带($k^0 = 10$ cm·s^{-1})组成,扫描速率为 0.1 V·s^{-1},带的表面覆盖率为 10%。各物质的扩散系数为 10^{-5} cm²·s^{-1},初始浓度为 10 mmol/L。随着标记带宽度的增加,伏安曲线由 1 个峰变为 2 个峰。图(b)为"频带宽度"-"基板速率常数"空间区域的示意图,在频带表面覆盖率为 1%、50% 和 10% 的情况下,循环电压图的前向扫描中有两个峰值。扫描速率为 0.1 V·s^{-1};扩散系数为 10^{-5} cm²·s^{-1};岛速率常数为 10 cm·s^{-1}。经英国皇家学会许可,转载自参考文献[24])

其中

$$r_{sep} = \frac{1}{2}(r_{domain} - r_{band})$$

其中，r_{band} 是边缘平面位点的宽度；r_{domain} 是边缘平面位点的宽度，如图 3.8(a) 所示。在这种情况下，与平行于电极表面的扩散程度相比，带间间隔较小，只有一个峰在伏安法测定时被观察到。图 3.9(b) 表明了频带宽度对 k^0_{subs} 的影响，以及分裂峰可被观察到的区域。在这种情况下，有一个大的区域宽度，$\sqrt{2Dt_{peak}} \ll r_{sep}$ 使得伏安曲线将是带和基底的伏安结果的叠加，它们间的扩散本质上是线性的。

如果两种电极表面上是异构的，其反应速率常数是相似的，那么将看到电位相似的两个峰将叠加成一个更大的峰。如果 k^0_{subs} 具有可测量的活性，且 $k^0_{band} \geq k^0_{subs}$（即 $k^0_{edge} \geq k^0_{basal}$），两峰都可以观察到。然而事实证明并非如此，只有 k^0_{band} 很活跃，或者有时观察到的速度比 k^0_{subs} 快得多[4]。

对于亚铁氰化物的氧化，在基面上位点的电子传递速率已被观察到约为 $10^{-9} cm^{-1}$；其电子传递速率被认为甚至可能为 0[4-6]。怎样才能知道实际情况中是否正确呢？如图 3.9(a) 所示，一种奇怪的、失真的伏安图将会在极低缺陷密度[23]限制时被观察到。由于两个峰从未在实验中被观察到，人们普遍认为边缘平面电子转移比基面电子转移快；后者则也被称为是滞后的[5,6,23]。感兴趣的读者可以参考 Davies 和 Ward 等人的研究[5,24]。

关于边缘平面部位对基面上位点的作用已有报道[4]进一步证实。通过聚合物选择性阻滞基面位点而边缘面位点暴露在外。与初始裸电极相比，在修饰后的表面上观察到相同的伏安行为，并通过数值模拟，确认边缘平面是电化学活性的中心。图 3.10 显示了这是如何实现的。

在每个阶段（图 3.10），每个表面伏安法检测和相应的伏安曲线如图 3.11 所示。另外，从图 3.11 可以明显看出最后阶段时基面位点被覆盖，最后一阶段与阶段 1（刚制备的 HOPG 表面）几乎相同。据报道，小的偏差是由于电极经过了处理，边缘平面位置的活动性略有下降。对于修饰后的电极，在图 3.11(d) 所示的情况下，只有沿着纳米沟槽底部的边缘面台阶暴露于溶液中，使得纳米带阵列产生。这项工作很好地证明了基底平面 HOPG 极（BPPG）的循环伏安曲线响应完全是由于边缘面缺陷的存在，不管多么小的覆盖范围，基面石墨台阶对伏安法测定没有影响，且呈有效惰性，因此阻塞基面位点使得观察到的伏安结果没有总体的变化。

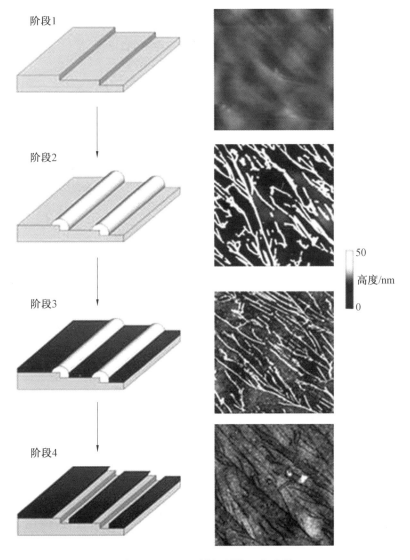

图 3.10 HOPG 被切割的四个阶段

(最初一个 HOPG 表面被切割,以产生一个新的表面(阶段 1)。于阶段 2,MoO_2 纳米线沿着边缘平面部位完全形成。在阶段 3,基面位点覆盖的电化学还原的 4-硝基苯重氮阳离子。阶段 4 是通过在盐酸中溶解 MoO_2 来暴露边缘平面位置的。经 Wiley 许可,转载自参考文献[4])

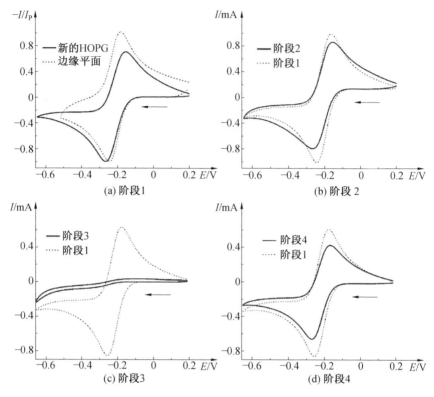

图 3.11 四个阶段表面的伏安法检测

(在纳米沟槽制作的每个阶段后,在 HOPG 电极表面用循环伏安法使 1.1 mmol/L [Ru(NH$_3$)$_6$]$^{3+}$ 还原。使用 EPPG 的同一类实验中,都可以得到图(a)中的电压。在纳米沟槽制作的第一阶段后,可以得到图(b)和图(d)中的电压。经 Wiley 许可,转载自参考文献[4])

最后,值得注意的是,研究人员将(有些已经这样做了)对上述大量文献提出异议。据报道,在某些(有限)的条件下,基面位点具有可测量的电化学活性[25-27]。采用精密的扫描电化学显微镜进行研究,发现新暴露的 HOPG 表面位点表现出相当大的电化学活性。有趣的是,这些表面位点的电化学活性与时间有关,切割后暴露在空气中不到 1 h,会观察到表面电子转移率降低[27]。这项工作非常有意思,在编写本手册时,对这种依赖时间的表面效应的研究正在进行中[27]。最后,这意味着在实验周期中,观察到的 HOPG 新切割的表面位点的电化学活性可忽略不计,正如先前报道的那样[4-6]。参考文献[27]中未意识到的一个重要挑战是,这种局部微观结果与记录好的 HOPG 电极宏观响应的相关性,即如果在传统循环伏安实验中使用参考文献[27]中的这种原始 HOPG 表面,那么伏安曲线是否完全可逆?如果是,采用其他基面代替后实验结果可以重现吗?如果不是,原因又是什么?

3.2 石墨烯的基本电化学性质

将石墨烯固定在电极表面上,正如文献中对石墨烯进行电布线(连接)并研究其电化学活性的常见做法,这时就会形成非均匀的电极表面。在这种情况下,如果考虑用 HOPG(Highly Oriented Pyrolytic Graphite,高定向热解石墨)表面,就可以观测到图 3.12 所示的四个关键点。可以看出,除了底部的 HOPG 电极表面有棱面和基底面,其余每个面都有其特有的电化学活性,并且具有不同的巴特勒-沃尔默常数,即 k^0 和 α。对具有自身边缘和基底面点的石墨烯所特有的 k' 和 α 值进行固定化时,产生了一个有趣的现象:当任何一个碳量电极用作辅助电极时,这种情况就会发生。

在将石墨烯固定在金属电极上的情况下,例如金电极,将会有三个关键的电化学位点,分别为底层的金(k^0_{gold}, α_{gold})以及来自边缘和基底平面的石墨烯。然而,这种方案并不是很理想,因为底层的金通常有非常活泼的电化学活性(取决于电性分析),导致金的贡献将会超过石墨烯(或者其他的石墨材料)的贡献,将使石墨烯性质不能够被完全地观察到或者被误认为具有优良的电化学活性。

重新观察石墨烯的例子,如图 3.13 所示。用数值分析和对石墨烯电极的观察来讨论上面的情况(见 3.1.2 节),除了石墨烯是单层结构这一性质外,是否应该把石墨烯与 HOPG 看成是相似的物质?自然界中,由于石墨表面是异构(各向异性)的,因此在两种不同结构之间的化学反应以及电化学反应是不同的,其只具有基本的石墨电极性质,即边缘及基底架。石墨烯是一个单层的 HOPG,理论上在 DOS(电子态密度)方面的表现应该与 HOPG 相似,如图 3.13 所示。

假设石墨烯被固定在一个电极表面,使电极完全被覆盖。我们可以把石墨烯改进电极表面近似为图 3.6 所示的形式,此时有边缘平面点(即石墨烯的边缘)和一个基面(为了简化,假设有纯的石墨烯,也就是整个基面没有缺陷的本征石墨烯),同一种单元电池可以直接采用这种电极,并且可以采用通过扩散域的方法进行制作。因为纳米边缘带的岛屿厚度近似等于 C—C 键的长度,所以这种方法是适用的,据报道,在石墨烯中其厚度大约为 0.142 nm。还可以假设为其在许多不同形式的石墨烯中是恒定的,

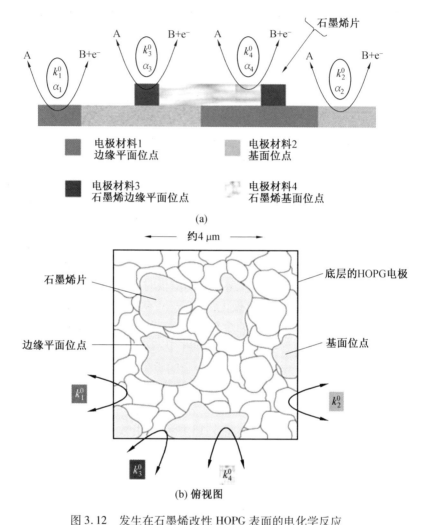

图 3.12 发生在石墨烯改性 HOPG 表面的电化学反应
(本图表现出了不同的巴特勒-沃尔默特点,注意这些数字是不成比例的)

我们期望这个区域半径(即 L_a)随着石墨烯薄片的尺寸变化而变化,具体是增大还是减小取决于制造方法。

如果考虑两个相反的情况,第一种情况是边缘平面具有快速的电子转移活性,而基面的电子转移活性(约为 10^{-9} cm·s^{-1})可以忽略不计,对于 HOPG,这种假设是被大多数人认可的,因为石墨烯是简单的单层结构,区域半径的影响可以从图 3.7 观察到,在区域半径较大的条件下,能观察到两个峰值。但是,到目前为止这种伏安法还没有人提出来,增加了这种推

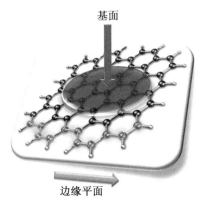

图 3.13 原始石墨烯的概念模型
（从图中可以观察到电子转移点、基底和边缘平面上的点。
经英国皇家化学学会许可,转载自参考文献[12]）

论的可能,即(根据第二种情况)石墨烯的边缘平面是类似于边缘平面纳米带的电活性位。因此,在石墨烯修饰 HOPG 表面的情况下,很可能 HOPG 基面(BPPG)的 k^0_{edge} 会被忽略,图 3.12 可简化为两个关键区域:k^0_{edge}(HOPG)和 k^0_{edge}(石墨烯),假设这些在 DOS 方面是电化学相似的,很明显边缘平面位是石墨烯修饰电极的关键控制因素。

3.2.1 石墨烯作为异质电极表面

真正的石墨烯为一种独立的单层晶体,其电化学性质已经被 Li 等人报道[29]。图 3.14 所示为其制作过程,单层石墨烯片首先沉积在 SiO_2 涂覆的硅衬底上。在此研究中,有两种石墨烯被当作研究对象,其中一种是通过机械剥离技术(即第 1 章描述的"透明胶带法")制备,另一种通过 CVD 石墨烯生长方法制备。这两种情况下都要进行光刻,从而使两个金属导线能够连接到每片石墨烯上,如图 3.14(a)所示。注意在制造石墨烯片的工艺过程中,其中一个石墨烯片不要连接电线,以便研究和利用它。这项工作中[29],石墨烯片上沉积 100 nm 厚的 Al_2O_3 层后,如图 3.14(b)所示,接着沉积 600 nm 厚的聚对二甲苯层,如图 3.14(c)所示,沉积的目的是使溶液中的金属导线分离出来,从而当进行电化学实验时,石墨烯的相关反应能够被观测到,石墨烯的电化学性质不会受到金属导线的影响。通过使用氧等离子体可以除去石墨烯上的聚对二甲苯层,同时保证金属导线覆盖在上面,如图 3.14(d)所示。最后,通过氧化铝层的窗口,使用湿式蚀刻,可以出现一个清晰的石墨烯表面区域,如图 3.14(e)所示。

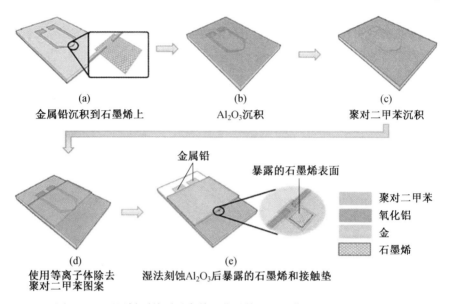

图 3.14　石墨烯覆盖到适合其电化学特性的工作电极上的工艺流程
(转载自参考文献[29],版权归 2011 年美国化学学会所有)

Li 等人设计的实验在进行电化学性质测量时,可以确保石墨烯与溶液接触时,其是唯一一个活性表面。在接下来的制作中,要尽可能选择对石墨烯污染最小的工艺,据报道机械剥离石墨烯暴露的表面最大的尺寸为 15 μm×15 μm,CVD 生长的石墨烯表面最大的尺寸为 0.38 mm×0.50 mm,因为相对于剥离石墨烯,CVD 石墨烯可以在更大的基片上生长。在最后的制作中采用 350 ℃的退火工艺,目的是除去在制作工艺过程中残留在石墨烯表面的有机杂质[29]。

图 3.15 为石墨烯工作电极的拉曼光谱和 AFM 表征,对于 2D 带,可以观测到一个对称单峰,这个峰的强度要比 G 的峰值高,从而可以确定得到了高质量的单个石墨烯层。另外注意,微弱的 D 峰也能被观察到(CVD),表明存在少量的原始层,这是一种较普遍的现象。根据 CVD 生长和输运过程,通过此种方法制造的电极是更无序的,包括大的褶皱、颗粒及域样结构,如图 3.15(c)所示。通过机械剥离技术制备的电极(本例中),在 1 350 cm^{-1} 处没有观察到明显的 D 峰,说明石墨烯是纯净且没有缺陷的(在显微拉曼的极限条件下)[29]。该石墨烯层相对于 SiO_2 衬底的台阶高度约为 0.8 nm,与纯净石墨烯的已知值(0.5~1 nm)近似一致。

电化学实验揭示了两个石墨烯电极之间的微电极反应(稳态电流参考第 2 章),从下面的公式可以推导出石墨烯电极的有效面积[29]:

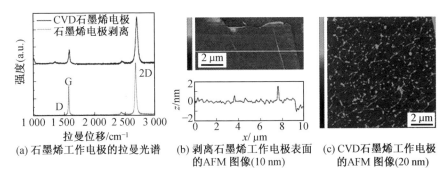

图 3.15　石墨烯工作电极的拉曼光谱和 AFM 表征
(转载自参考文献[29],版权归 2011 年美国化学学会所有)

$$A_{\text{eff}} = \pi\left(\frac{i_{\text{ss}}}{4nFDC}\right) \tag{3.6}$$

式中,A_{eff} 是微电极/石墨烯电极的有效面积;i_{ss} 是稳态电流。估计石墨烯电极的有效面积为(117 ± 8) μm^2,与 AFM 测试结果(约为130 μm^2)较一致[29]。经过推导,FcMeOH 的电化学反应速率常数约为 $0.5\ cm\cdot s^{-1}$,说明电极的电子转移速率更快[29]。作者推断电子转移动力学的提高(与HOPG 的基面进行比较)是由于石墨烯片波纹的影响[29],或者可以从边缘平面点/缺陷开始,通过石墨烯的基面,同时暴露的边缘和超微电极相似,在大量改变传输的情况下,出现了反曲伏安法,观测和推论结果都是非常符合的,它表明石墨烯正处于研究阶段。

独立的单层和双层石墨烯晶体的电化学特性,也已经被 Dryfe 及其同事报道,他们通过时间耗散实验生长了单层、双层及多层的石墨烯晶体,即机械剥离(透明胶带法)。作者用电气连接了石墨烯后,用环氧树脂对其进行封装,使得石墨烯的基面点(侧面)暴露在溶液中[30],石墨烯和石墨烯制备的光学图像如图 3.16 所示。

图 3.17 表明了单层、双层及多层石墨烯的电流响应,由于暴露的石墨烯表面可以作为一个大的微电极,因此用亚铁氰化钾/亚铁氰化物氧化还原探头可以观察到 S 形电流[30]。在第 2 章我们知道几何形状不同可以产生不同的质量传输,因此也具有不同的伏安特性。

鉴于石墨烯的边缘被绝缘环氧树脂包围,并且仅基底面位点是暴露的,所以已知的任何伏安特性都是出人意料的。观察到这种伏安特性的原因是石墨烯表面存在缺陷,那里有个缺失的晶格原子,使得悬挂键暴露在外,从而提供电化学反应位点[30]。图 3.18 展示了用 TEM 观察的石墨烯的

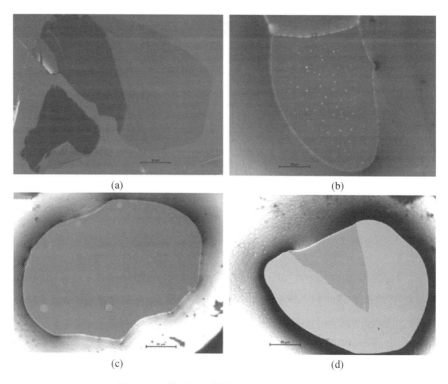

图 3.16 单层石墨烯样品的光学显微照片

(样品 1 在(a)之前被展示,并且在(b)之后被掩蔽,在图像(b)的边缘被完全掩蔽。在面板(c)中,样品 2 包含了一些孔洞。在面板(d)中,样品 3 暴露的地方是个三角形,因此,边缘被暴露在溶液中。各样品的细节可以在图 3.17 的说明中找到。比例尺:(a)、(c)和(d)为 50 μm,(b)为 20 μm。转载自参考文献[30],版权归 2011 美国化学学会所有)

典型缺陷以及密度泛函理论(DFT)模拟石墨烯的缺陷和通过 STM 实验观察到的缺陷[31]。我们已经知道 HOPG 缺陷的影响,1% 的缺陷密度将导致大约 103 种因素可以增加异质电子转移速率常数[32]。Dryfe 等证明石墨烯表面缺陷处于低密度时,由于石墨烯表面缺陷的存在[30],速度快的电子转移将被观察到。由于只有顶部的石墨烯层被暴露,并且在双层石墨烯表面观察到了相应的伏安特性。这项工作表明,为了取得快速电子转移率,表面缺陷是非常重要的,本征石墨烯一直具有此特性。

在 Dryfe 的实验中,使用"透明胶带"(机械剥离)方法获得石墨烯时,最可能产生石墨烯的表面缺陷,这是由于机械应力对其产生了影响。S 形反应可能是由于石墨烯片像个小尺寸微电极(图 3.17),如果石墨烯是环

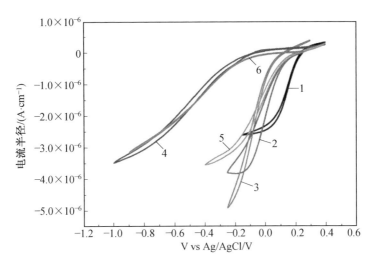

图 3.17 单层、双层及多层石墨烯的电流响应
1—样品 1;2—样品 2;3—损坏后的样品 2;4—几周后的样品 2;
5—双层石墨;6—多层石墨

(赤血伏安法:用于石墨烯单层样品电流(归到电极半径)与能量响应(样品 1 和 2: 样品 1 为不含可见的缺陷和边缘被完全掩盖的单层石墨烯,但请注意,虽然在样品的掩蔽和准备过程中,对其采取了特殊处理,以暴露缺陷数量最少的区域,但作者承认,迄今为止还不可能实现完美的无边缘区域;样品 2 为单层包含直径约为 10 μm 的几个孔,因此一些边缘部位必须与电解质接触)的一个双层样品和多层样品。扫描速率= 5 mV·s^{-1};浓度= 1 mmol/L 的铁氰化物在 1 mol/L 氯化钾里。转载自参考文献[30],版权归 2011 年美国化学学会所有)

氧凹陷的,将会被进一步复杂化。需要注意的是,整个石墨烯的基底表面缺陷密度是很难确定的,一个方法是使用 TEM 和扫描隧道显微镜(STM)来进行确定。图 3.18 为石墨烯缺陷的 TEM 图像沿模拟的结构和单一空缺的 STM 图像,想要清楚地确定石墨烯表面的缺陷是一项艰巨的任务。

在编写本手册时,上述报告是目前文献中仅有的两个在微观尺度上对单个石墨烯晶体进行电化学探测的例子。显然,这些是不可扩展的制备方面的基础研究。因此,使用石墨烯最常见的方法是将其固定在合适的电极表面上,以便产生一个有效且平均的响应。

通过边缘平面和基本平面热解石墨电极(带有原始石墨烯)改性,已经有原始石墨烯电化学活性的重要解释,将电导线连接到正在研究的石墨烯上。作者利用了大量电活性探针(在此领域内被普遍采用的探针,对石墨材料有很好的特性),证明了原始石墨烯并不像先前说的那么有价值[33]。

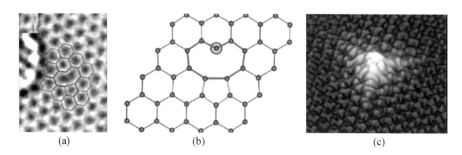

图 3.18 石墨烯晶格缺陷的 TEM 图像、原子结构及 STM 图像
(图(a)为石墨烯晶格缺陷的 TEM 图,(经许可转载自参考文献[34],2008 年美国化学学会版权所有);图(b)为通过 DFT 计算获得的模拟原子结构(经许可转载自参考文献[31],2010 年美国化学学会版权所有);图(c)为一个空穴的实验 STM 图像,由于悬挂键处局部 DOS 的增加,空穴呈现凸起,如图(b)中标记的圆(经许可转载自参考文献[35],2010 年美国物理学会版权所有))

所选石墨烯的类型,即石墨烯片的基平面表面缺陷密度低,同时含氧量低。石墨烯表现出了较差的电子传输动力学,结果使电化学反应阻碍了石墨烯层底部的电极表面。氰亚铁酸盐电化学氧化的伏安响应如图 3.19 所示。图 3.19(a)为石墨改性的 BPPG 电极响应,众所周知,石墨边缘平面的形位点和缺陷占据了很大比例,由于边缘平面位点存在,使表面的粒子数增加了。因此,具有慢的电子转移动力学的底部电极的伏安响应发生了改变。然而,对于本例中的石墨烯,观察到的结果恰好与之相反,即石墨烯的加入阻塞了底面电极。在本例中,当石墨烯加入到一个表面,其表现出了快速的电子转移速率和高密度的表面位点(EPPG 电极),固定的石墨烯阻塞了底面电极的快速电子转移,减少了整体的电化学活性,可以通过石墨烯的基本特征来解释此种现象,因为在本征石墨烯表面有相对高的内部基平面表面;反之,边缘平面位点有较小的结构贡献。

支撑基底上石墨烯的覆盖范围是一个关键的实验因素,必须要考虑这个因素,当研究人员在电极衬底上固定石墨烯时,会出现两个"工作区"[33]。第一区,"Ⅰ区"对应于单层和几层石墨烯修饰电极,由电极表面的改变导致。它阻断了在底层电极观察到的电化学反应。当石墨烯的量越来越多时,下面电极的电化学反应仍继续被阻断,如图 3.19(b)所示。这是因为这种材料(石墨烯)具有低的边平面点比例,因此,边缘面点与基平面点的比例(在其几何结构)非常低,使其原始特性边缘平面点/整个基底表面缺陷可以忽略不计。石墨烯的量继续增加时,第二区就变得很明显[33]。这时可以观察到石墨烯的显著层(即准石墨烯[36]和石墨),使边缘平面点的密度产生一个增量(由于其几何结构),并通过增加不同种类的电子从而提高伏安传输率,如图 3.19(a)所示。此反应继续进行,直到一个限制被观察到,典型地是从石墨烯底部电极表面/衬底的不稳定中观察到这种限制。显然,在石墨烯电化学中,石墨的覆盖面积是一个关键参数,其中石墨烯改性表面不正确的使用/表征可能会误导那些想要石墨特性的人(但相信他们使用的是石墨烯),从而误报了石墨烯的优点,即"Ⅱ区"的现象。注意,最近已证明存在一个"Ⅲ区",当被固定薄层上的石墨烯过量时,将影响施主,从而产生电催化的假象;第 2 章概述了这个概念。

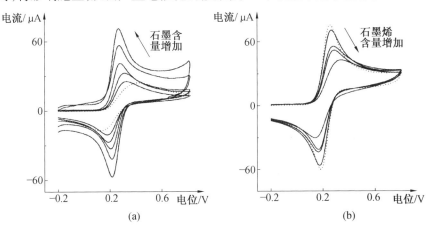

图 3.19 采用 1 mmol/L 亚铁氰化钾,在 1 mol/L KCl 溶液中记录的循环伏安曲线(图(a)采用 BPPG 电极(虚线),添加 2 μg、4 μg、50 μg、100 μg 和 200 μg 石墨(实线);图(b)采用 EPPG 电极(虚线),添加 10 ng、20 ng、30 ng 和 40 ng 石墨烯(实线)。扫描速率:100 mV·s^{-1}(相对于 SCE)。经英国皇家化学学会许可,转载自参考文献[33])

图 3.20 主要表明引入石墨烯后电极表面结构的变化,产生了预期的电化学反应。图 3.20(a)显示了在边缘平面 HOPG 电极上观察到的循环伏安曲线,假设该电极具有快速的电子转移动力学,并在单层石墨烯(图 3.20(b))固定后,实现了表面的不完全覆盖。

一个有效的方法是用石墨烯取代一个高效的电化学反应表面,石墨烯的边缘平面部位的比例很小,在石墨烯的基面上没有缺陷,从而使观察到的伏安曲线产生了更高的 DEP,表面朝着更慢的电子转移动力学的方向发展[33]。

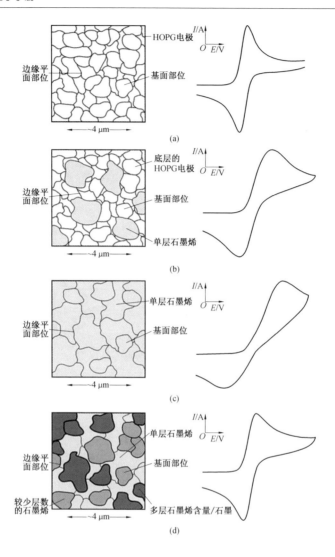

图 3.20 在 HOPG 电极上观察到的循环伏安曲线效果

(通过不同的石墨烯覆盖范围,简单的球外电子转移的氧化还原探针,此电极被改善。图(a)表示未修改 HOPG 电极表面,快速的电子转移动力学被观测到;图(b)表示用石墨烯修饰后,导致了不完整的覆盖,使电子的传输速率降低;图(c)表示用石墨烯修饰后,导致了单层覆盖,由于石墨烯(有一点优势平面的贡献)较差的电化学活性被观察到,其中电子转移被有效阻止;图(d)表示不断地用石墨烯修饰,导致分层结构,可以获得更多的边缘平面点(快速电子转移的来源)。因此,可以看到电化学特性得到了改善。转载自参考文献[33],得到英国皇家化学学会的许可)

由于完整的单层石墨烯覆盖(图3.20(c)),在区域Ⅰ上的DEP增长是稳定的。随着越来越多的石墨烯被固定(图3.20(d)),单层或近似单层/双层和少数层(准石墨烯)[36]是向着多层石墨烯(即石墨)发展的,其中在Ⅱ区,由于电极表面边面点比例很高[33],因此该伏安响应回到最初观察到的HOPG表面(图3.20(a))。

因此,布朗森等人已经给出石墨的几何结构(多个堆叠的石墨烯层),其比单个石墨烯层具有更大的边缘平面部位比例,因此,其电化学活性与异构电子转移动力学均优于后者[33]。

将原始石墨烯固定在HOPG表面进行电化学性能研究时,布朗森等人认为底层(支撑)电极表面与固定石墨烯的取向均起着重要作用。上述SEM图像表明,合并的石墨烯"折叠"通过底层电极边缘平面点,可能解释为当石墨烯被引入时观察到的阻断效果。在石墨烯进一步增加时,取向与底层电极产生一个垂直对准的边缘平面点或无序石墨烯表面,因此,由于提供电子转移边缘平面点比例的增加,在电化学反应上观察到了一个有效的增长[33]。在此模型中,假定固定石墨烯采用了类似的体系结构与底部的电极,由于石墨烯具有平面基底部位(π-π)的分布式电子密度,这将受到局部边缘位点的高电子密度的干扰。石墨烯边缘位置能有效地与底部电极表面对齐,这种排列满足能量最低原则[33]。由于EPPG电极上石墨烯片数量很多,石墨烯片将相互平行堆叠(作为边缘平面的延续),以确定EPPG表面的有限空间。在石墨烯位于BPPG电极表面的情况下,石墨烯将呈现与BPPG相同的结构,这意味着由于π-π堆叠,石星烯将堆叠在BPPG的平面上。图3.21给出了显示此概念的SEM图。

最后,不同尺寸的石墨烯DFT模拟仿真表明在纯净的石墨烯边缘有更大的电子密度,证实了布朗森与其他工作组的观察结果,与HOPG观察到的结果相似,石墨烯的外部边缘(与其侧面相反)的电化学性质类似于边级平面位点的电化学性质,而后者则与基平面位点类似,在这种情况下,假设原始石墨烯没有任何缺陷(缺陷部位、缺失原子、悬空键等),穿过石墨烯的表面,此种假设有力地促进石墨烯的电化学活性。注意在这种情况下的石墨烯有更大的边缘平面点密度,众所周知这将改善其电化学反应[1,4-6],但是关于石墨烯类似的报告还很少。

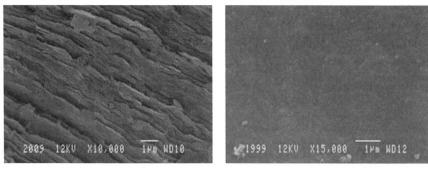
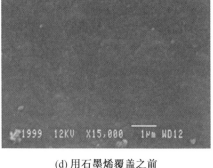

(a) 用石墨烯覆盖之前　　　　　　　(d) 用石墨烯覆盖之前

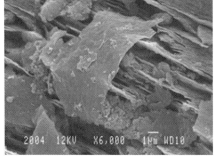
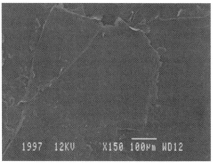

(b) 用少量的石墨烯覆盖进行改善　　(e) 用少量的石墨烯覆盖进行改善
　　　　　　　　　　　　　　　　　　（添加未被抛光的EPPG电极）

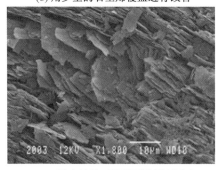
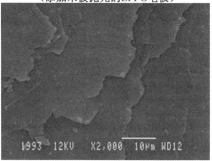

(c) 用大量的石墨烯覆盖进行改善　　(f) 用大量的石墨烯覆盖进行改善
　　　　　　　　　　　　　　　　　　（添加未被抛光的EPPG电极）

图 3.21　未抛光 EPPG 电极的 SEM 图像
（经英国皇家化学学会的许可,转载自参考文献[33]）

用SECM研究通过CVD生长的相应的单层或多层石墨烯电极可以进一步支持上述结论。从层结构进行观察,单层石墨烯有更低的电化学活性,并且当增加石墨烯层数的时候,电化学活性也随之增加。薄片的电子传递过程是非常活跃的,几乎表现为可逆的电化学活性,比7层(即石墨)

结构的还要大[39]。图3.22表示电化学电流作为增加的石墨烯层数的函数，SECM结果表明，单层的石墨烯表现了最低的电化学活性。这些工作

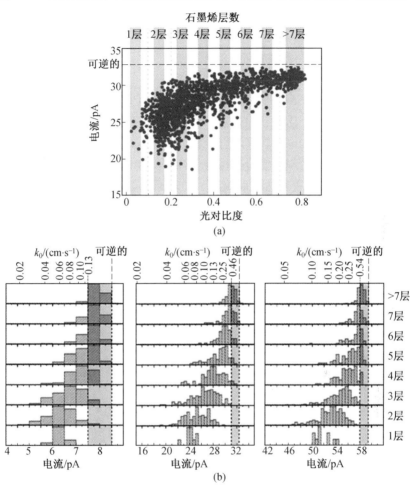

图3.22 SECM测试结果

(图(a)为在能量E_2处的电化学电流和石墨烯层数的关系。图(b)为电化学电流和标准速率常数k^0的柱状图，固定CVD石墨烯层数，电位E_1、E_2和E_3依次从左到右。2mmol/L FcTMA$^+$(30 mmol/L KCl)的电化学氧化作为在FcTMA$^+$的伏安响应E_1、E_2和E_3的相关点伏安探针。图(a)中的虚线与图(b)中的虚线区域表示电子转移过程变成完全可逆的条件。转载自参考文献[39]，版权归2012美国化学学会所有)

证实布朗森等人的工作,即单层、双层或零层(准石墨烯)石墨烯不是一个好的电极材料(当与石墨中的异类电子转移动力学对比时),并且事实上,石墨烯有效的电子动力学已被报道,研究人员在电极表面放置了大量的石墨烯,使得从石墨到石墨烯有一个很大的偏差,因此石墨烯的电化学过程被改善的错误结论经常被报道(应该代替归因于石墨和/或其他石墨结构)。

Lim 等人对石墨烯的理解进行了补充[40],他们研究了利用 CVD 在内球和外球氧化还原介质制备的外延石墨烯(在碳化硅衬底上制备)基面上边缘平面缺陷对异构电荷转移动力学和电容噪声的影响。研究人员发现,基面石墨烯的表面呈现出缓慢异构电子转移反应动力学,当电化学阳极氧化(增加氧化反应的程度边缘面缺陷),对于原始石墨烯、玻碳(GC)和硼掺杂金刚石(BDD)电极[40],他们发现在其表面上产生的缺陷导致电子传输速率得到了改善。此外,这项工作证实在石墨烯表面边缘平面点/缺陷是必需的(以提高电化学反应性)。请注意,众所周知与氧相关的碳基本电极材料可以显著地影响所观察到的电化学反应性,有利或不利则取决于靶分析物[2,41-45]。因此,可以推断,在这种情况下特意在石墨烯表面引入与氧相关的物质,容易使动力学改善的真正原因被掩藏起来。然而这并不代表,在石墨烯表面的含氧材料可以被忽略,因为在研究石墨烯的过程中,作者利用了电活性物质的范围,从简单的外球电子转移探针到表面敏感的内球物质(见如下方案 3.1),并且所观察到的趋势适用于类似的所有化合物。

方案 3.1:在内球和外球氧化还原探头表面灵敏度

在电化学试验中为了更好地了解所研究的材料,一个普遍的做法是利用内球和外球氧化还原媒介剂/探针。这样电子转移过程因受下列因素影响会有显著的不同,这些因素包括其电子转移动力学的灵敏度,主要是指所研究的碳电极/材料的电子转移动力学的灵敏度,表面结构/清洁度(缺陷、杂质或吸附位置)以及不存在/存在具体的含氧官能团,也就是,电极表面[1,46]条件下 k^0 的变化。

外球氧化还原(图 3.23)被称为表面不敏感,使得 k^0 不受表面氧-碳比和表面状态/清洁度的影响,在此处的表面状态/清洁度即涂层不带电荷吸附物或者特定吸附表面基团/点[1]的单层膜。没有化学相互作用或催化机理涉及与表面或表面基团相互作用(即吸附步骤),这样的系统通常具有低重组能[1,46]。因此,由于电极材料的电学 DOS 特性,外球系统对于电子结构是敏感的[1,46]。

内球氧化还原被称为表面敏感(图 3.23),极易受到电极表面状态(表面化学和微观)的影响,如果表面被吸附物(或杂质)遮蔽,通过抑制特定的电催化互动。无论它会引起有益的还是无益的影响,这种相互作用强烈地依赖特定氧化物的存在(或不存在)[1,46]。在这种情况下,系统更在很大程度上受表面状态/结构的影响,需要特定表面互动,被催化(或抑制)通过和表面官能团(吸附部位)特异性相互作用,而不是 DOS 作为这种系统较高的重组能[1,46]。

当用多种内球和外球氧化还原探针对不同的反应进行观察时,电极材料表面结构的状态相关的问题被推导,麦克里[62,87]对常用的氧化还原探针提供了一个"路线图",如图 3.23 所示。这使研究人员能够从实验观测氧化还原系统,以及了解它们如何产生影响。

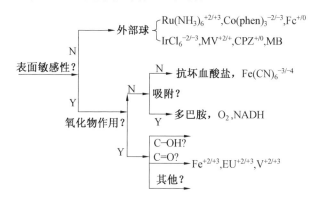

图 3.23　碳电极经特殊表面修饰后,根据动力学敏感性对氧化还原体系进行分类

(经 1995 美国化学学会版权许可,转载自参考文献[47])

支持石墨烯边缘平面点结论的其他工作,它的基平面是显性反应这一结论已经被基利等人出版说明[48,49]。其中,作者使用二甲基甲酰胺超声处理石墨粉末 72 h,以实现石墨纳米片剥离,这样就不需要化学氧化,因此减少了任何不必要的表面氧化物质的存在。TEM 分析显示,90% 的纳米片含有 5 个或更少的石墨烯层,横向尺寸大多小于 1 μm,导致相比于母体石墨烯,其有更高的边缘平面像点密度,由拉曼光谱确定。带有普通氧化还原探头的循环伏安测量证实,功能化纳米片的电极具有较大的活跃区域,并表现出比普通/未修改的电极更为快速的电子转移。由于用溶剂剥离的

石墨烯中没有含氧基团,因此观察到的电化学活性被认为来自大量的边缘平面点和石墨烯纳米片上的缺陷[48,49]。此外,有一些工作已经考虑了开放和折叠的石墨烯边缘的电化学活性(其中折叠边缘在结构上更类似于基底面),其中已证明,对折石墨烯边缘的多相电子转移率比开放式石墨烯显著降低(如图 3.24 中较大的 DEP 是在前者观察到后者的)[50]。石墨烯边缘平面是电子转移的来源,这个概念再一次被证实了[33]。很明显,为了达到最佳的电化学活性(快速的电子传输速率),或者等效为在石墨烯表面具有高密度边缘平面点/缺陷,裸露的石墨烯边缘是必需的。

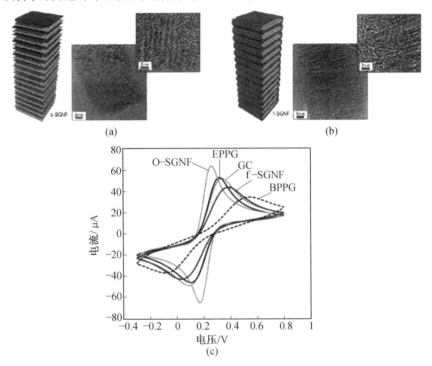

图 3.24 石墨烯片边缘折叠处的电化学性质

(图(a)为展开的石墨烯边缘纳米结构,图(b)是折叠的石墨烯边缘纳米结构。示意图没有给出尺寸,指的是折叠边缘纳米结构,以说明纤维的内部结构。从图中可以清楚地看到图(a)展开的和图(b)折叠的边缘的不同结构。图(c)为 5 mmol/L 亚铁氰化钾(Ⅱ)在 0.1 mol/L KCl 中,展开的石墨烯结构(O-SGNF)、折叠的石墨烯结构(f-SGNF)、EPPG(实线)、GC(点虚线)和 BPPG(短画线)电极的循环伏安图。扫描速率为 100 m·Vs^{-1}(vs. Ag/AgCl 对照电极)。经英国化学学会版权许可,转载自参考文献[50])

正如第1章强调的,石墨烯不同的制备方法导致边缘平面缺陷密度有很大的变化。因此,已经表明,石墨烯的制备方法在材料的性质和电化学反应性上有戏剧性的影响[12,51]。而且,表面缺陷可以有选择性地被引入石墨烯结构合成后期,例如通过使用离子或电子辐射,选择性氧化(带有光学反应),或通过机械损伤[31]。注意掺杂/外原子的结合(如氮掺杂,见下文)或功能的引进(即氧化物质),另外,复合物(或新型三维)石墨烯基材料的信息已经被报道了,对于石墨烯电化学活性的变化,无论其是有益的还是不利的,即所观察到的异质电子传输速率、DOS、表面吸附/解吸过程固有的催化特性和影响(见第4章,例如,对于各类器件如何利用才能够使改性石墨烯的有利性质被观察到)[20,41-45,52,53]。重要的是,如果石墨烯表面缺陷密度的可控性和可重复性可以被实现和定量[38],如化学气相沉积石墨烯的情况[12],那么当设计石墨烯基器件时石墨烯的电化学活性可以被优化和有效地控制,通过专门属性来实现新的功能/应用(表现出快速或慢速异构电子转移,或具有在官能情况下的特异性结合/附着位点)。因此,有效的石墨烯可以提供一种电化学有益的平台,它可以改进石墨烯结构,使得该材料的性质满足特定需求;因此,高效石墨烯能够提供一种电化学实验平台,它可以改进石墨烯结构,使得该材料的特性能够满足一些特定需求,这样的优化和通用性是实际应用和学术研究的重点。

3.2.2 表面活性剂对石墨烯电化学性能的影响

正如1.2节所说,由于表面活性剂的存在,液体中的石墨烯悬架通常是稳定的,通过常规的掺杂方法制作的石墨烯,可以减少石墨烯片聚结的可能性。这是在利用电化学[54-57]石墨烯等解决方案时,试探性的方法必须采用的情况。已经确定,某些表面活性剂[58],例如胆酸钠[54-57],显示出可测量的电化学活性,因此,它可以促进甚至控制稳定的石墨烯的电化学性质和性能,使得对数据解释的高度负面影响可以观察到[54-57]。这被证明是对β-烟酰胺腺嘌呤二核苷酸(NADH)和对乙酰氨基酚检测的情况下(APAP;扑热息痛)以及重金属的溶出伏安法[54,55]。这些干扰/影响也扩展到能量存储应用方面,证明了表面活性剂本身比石墨烯提供了更高的容量,因此,一定会感到惊奇,在这种情况下对石墨烯产生有利的影响[57]。

这些工作对石墨烯的组成提供了一个重要的警告,一定要考虑用作石墨烯分散剂的任何表面活性剂/溶液的影响。很明显,可以正确地报告石墨烯有益的电化学性前,需要采用一个适当的控制实验,并且在以后的实验中需要控制测量,以充分去掉石墨烯表面的回旋。这样的警告可以扩展到石墨烯电化学的其他方面,包括适当控制和对比实验的要求,从而确定石墨杂质和氧化物质的存在性方面对石墨烯的电化学应有的贡献(参见第4章)。

3.2.3 金属和碳质杂质对石墨烯电化学性能的影响

当在电化学应用中首先利用碳纳米管(CNT,指卷起石墨烯结构),发现 CVD 制造的结果使它们含有金属杂质,这将加剧或支配它们的电化学反应[59,60]。类似地,已经表明,石墨烯由石墨制成,通过化学氧化天然石墨,随后用热剥离/还原,可以含有钴、铜、铁、钼和镍的氧化物颗粒,其可以影响石墨烯的电化学朝向特定的分析物,并且可能导致石墨烯的电催化效果[61,62]。

需要注意的是,以此方法可避免这样的杂质(如上所述),石墨烯的购买很大程度上决定了最终产品,因此,应使用最高纯度石墨(以及高纯度水和非水溶剂),以减轻这类问题。尽管如此,在 3.2.2 节和 3.2.6 节中,在探索石墨烯电化学性质的实验中,突出了控制实验的重要性。然而还要注意,在某些情况下金属杂质的存在可能是有益于所观察到的电化学反应,因此特意把重金属(Pb、Ru、Rh、Pt、Au、Ag)掺杂/装饰作为制造过程的一部分,这样制作的石墨烯混合结构有益于电学特性,例如其在电传感的使用[63]。然而,在这种情况下,至关重要的是,所述金属的数量和质量都要谨慎分析/控制,并做报告以及相应的控制实验。

最近,已经考察了碳质碎片对氧化还原石墨烯电化学性能的影响,并据报道,其强烈地影响了所观察到的电化学反应[64]。当 GO 被还原成石墨烯时,这项工作是重要的,原始的石墨烯不会有这种结果。也可以说,GO 合成过程中产生的石墨,具有黏附性强的碳质碎片和边缘平面缺陷位点[64]。其他工作也表明了这一点,其中,碳屑显著影响了所观察到的电化学反应(在这种情况下有利于进行电解,正如 3.2.1 节所预测的一样)[64]。Tan 及其同事利用 SECN 对单层石墨烯表面缺陷(即边缘平面缺陷或含碳碎片)的反应性进行了研究,发现单层石墨烯表面存在大量缺陷的特定位点(通过机械损伤剥离或像还原的 GO 一样通过化学氧化引入)。与更原始的石墨烯表面相比,其具有更高的反应活性,大约高 1 个数量级[65]。更重要的是,作者成功地钝化了石墨烯缺陷的活性,通过仔细控制的电-聚合邻苯二胺,从而形成聚合物薄膜,它被认为是绝缘性质朝向异构电子转移的过程:这样就可证明 SECM 可用于检测(与"愈合")石墨烯上表面缺陷的存在;为原位表征和这种极有吸引力的材料的控制提供了一个战略,并使其性能达到 3.2.1 节所述的最佳应用[65]。

3.2.4 改性石墨烯(N 掺杂)的电化学性能研究进展

如前文所述,通过对石墨烯的改性,可以根据其属性来制备课题专用的石墨烯。虽然有很多种改性的石墨烯可以被合成(电化学的应用将在第 4 章中有充分的探讨),在本小节中,我们只专注于氮掺杂(N 掺杂)石墨烯的使用,给读者一个关于合成石墨烯与纯净石墨烯不同之处的综述,从而得到有益的成果。

石墨烯的化学掺杂分为两个主要领域:①有机物、金属和气体分子/混合物在石墨烯表面的吸附;②替位掺杂,即将杂质原子引入到石墨烯晶格中,如氮和硼[66-69]。这两种方法已经被报道可以改变石墨烯的电学属性(包括 DOS,这反过来会影响异构电子转移特性的观察,如第 2 章中强调的)[66,70],例如,掺杂硼或氮原子允许石墨烯转化成一个 P 型或 n 型半导体[70-73]。一般来说,在石墨烯中掺杂氮更受青睐并且应用广泛,是因为它(一个氮原子)是原子尺寸大小且事实上它包含五个价电子且可以与碳原子形成强力的化合键。[74]

Wang 和同事们对合成 N 掺杂的石墨烯提出了全面的概述[66],作者们概述了多种可用的制作路径,其中包括直接合成(如通过 CVD 法)、溶剂热法、电弧等离子体蒸发法,以及合成后的处理如热处理、等离子和化学处理方法[66,75];表 3.1 列出了这些不同的方法。

通过对石墨烯掺杂产生 N 掺杂石墨烯,出现三个共同连接结构,它们是四元 N(或石墨 N)、吡啶型 N 和吡咯 N。如图 3.25 和 3.26 所示,吡啶型 N 键的边缘有两个碳原子,石墨烯的缺陷使得一个 p 电子到达 p 端,同时吡咯 N 使 N 原子让两个 p 电子到 p 端,结合到五元环,像在吡咯中一样。四元 N 使得 N 原子替代在六方环中的 C 原子。在这些氮类中,吡啶型 N 和四元 N 是 sp^2 杂化,吡咯 N 是 sp^3 杂化。除了这三种常见的氮类型,在 N 型石墨烯和 N-CNT 的研究中已经观察到吡啶型 N 的氮氧化物,其中氮原子键有两个碳原子和一个氧原子[66,96,97]。

依据掺杂石墨烯电化学的应用,一个 N 掺杂石墨烯被广泛研究的领域就是替代燃料电池中的铂[68,77,91,98-101]。其他研究已经报道了甲醇的电化学氧化(再次应用于燃料电池),快速的电子转移为葡萄糖和氧化酶提供快速的电子转移动力,为葡萄糖生物传感提供高灵敏度和高选择度,此外还有过氧化氢的直接传感。

表 3.1 氮掺杂法和石墨烯中的含 N 量

序号	合成方法	前驱体	N 含量(原子数分数)/%	应用/参考文献
1	CVD	Si 基底上的 Cu 薄膜作催化剂,CH_4/NH_3	1.2~8.9	FET/[70]
2	CVD	Cu 箔作催化剂,NH_3/He	1.6~16	ORR/[76]
3	CVD	SiO_2/Si 基底上的 Ni 薄膜作催化剂,$NH_3/CH_4/H_2/Ar$(10:50:65:200)	4	ORR/[77]
4	CVD	Cu 箔作催化剂,乙腈	~9	锂电池/[78]
5	CVD	Cu 箔作催化剂,吡啶	~2.4	FET/[79]
6	分离生长	含氮硼层上的含碳 Ni 层	0.3~2.9	FET/[80]
7	溶剂热法	Li_3N/CCl_4(NG1)或 $N_3C_3Cl_3/Li_3N/CCl_4$(NG2)	4.5(NG1)或 16.4(NG2)	ORR/[81]
8	弧放电	纳米金刚石/He/嘧啶(NG3)的石墨/H_2 He/嘧啶(NG1)石墨/H_2/He/NH_3(NG2)转变	0.6(NG1),1(NG2),1.4(NG3)	[82,83]
9	热处理	N^+ 离子辐射的石墨烯,NH_3	1.1	FET/[84]
10	热处理	热膨胀后的氧化石墨,NH_3/Ar	2.0~2.8	ORR/[85]
11	热处理	GNR,NH_3	Nsd	FET/[86]
12	热处理	GO,NH_3/Ar(10% NH_3)	~3~5	FET/[87]
13	热处理	GO,NH_3	6.7~10.78	甲醇氧化/[88]
14	热处理	GO,三聚氰胺	7.1~10.1	ORR/[89]
15	等离子体处理	热膨胀后的氧化石墨,N_2 等离子	8.5	ORR/[68]
16	等离子体处理	热膨胀后的氧化石墨,N_2 等离子	3	ORR/[90]
17	等离子体处理	化学法合成石墨烯,N_2 等离子	~1.3	生物传感器/[91]
18	等离子体处理	GO,首先用 H_2 等离子处理,随后 N_2 等离子处理	1.68~2.51	超级电容器/[92]

续表 3.1

序号	合成方法	前驱体	N 含量(原子数分数)/%	应用/参考文献
19	等离子体处理	机械剥离石墨烯或 CVD, NH_3 等离子生长双层石墨烯	NSD	FET/[93]
20	N_2H_4 处理	GO, N_2H_4, NH_3	4.01~5.21	[94]
21	N_2H_4 处理	热膨胀后的氧化石墨, N_2H_4	1.04	电化学传感器/[95]

注:①缩写:CVD—化学气相沉积;GNR—石墨烯纳米带;GO—氧化石墨烯;NSD—没提到的;FET—场效晶体管;ORR—氧化还原反应
②经美国化学学会版权许可,转载自参考文献[66]

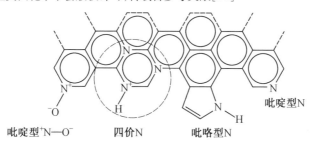

图 3.25 N 型石墨烯氮原子的连接结构
(转载自参考文献[66],2012 美国化学学会版权所有)

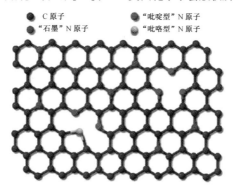

图 3.26 N 掺杂石墨烯的示意图
(蓝、红、绿、黄的球体分别表示在 N 掺杂的石墨烯中的碳原子、"石墨"N、吡啶型"N"和"吡咯"N 原子。N 掺杂的石墨烯结构通过 XPS 被证实。转载自参考文献[70],版权归 2009 年美国化学学会所有)

3.2.5 氧化石墨烯的电化学响应

GO 绝不是一种新材料,在 1859 年左右就被第一次报道了。结构上,构成了官能化的(氧化)石墨烯单原子层,横向尺寸可以容易地延伸到几十微米。GO 可以被看作是一种非常规型软材料,因为它有聚合物、胶体、膜的特性,是一种两亲物[102,103]。GO 的具体结构是有争议的,图 1.4(第 1 章)展示出了各种模型,可以与图 3.27 所示的情况同时存在。这是图 1.4 提出的模型的弱点[104]。

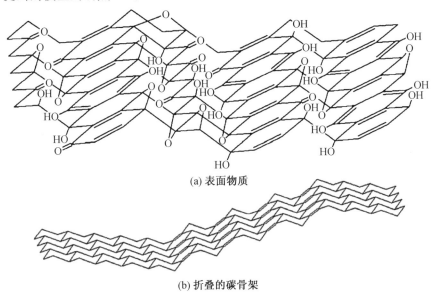

(a) 表面物质

(b) 折叠的碳骨架

图 3.27　GO 一种新的结构模型

(转载自参考文献[104],版权归 2006 年美国化学学会所有)

正如第 1 章强调的那样,GO 是有用的,因为制造石墨烯一个常用的方法是化学方法、热处理或电化学以减少 GO。值得注意的是,周等人的工作[105]已经报道了电化学还原的 GO 薄膜,这生成了具有低 O/C 比例的材料。通过以下电化学过程(其中 ER 意味着电化学还原)发生还原反应:

$$GO + aH^+ + be^- \rightarrow ER:GO + cH_2O \tag{3.7}$$

这里重要的是,电化学还原引起高负电位的伏安还原波。图 3.28 示出了 GO 的电化学还原,当 pH 值增加,其中阴极峰电位被观察到向负偏移[105]。这被认为是参与电解还原过程中的结果(式(3.7)),在较低 pH 值时,这将被促进。

进一步探索 GO 的电化学特性,值得注意的是,在其他工作中,通过电子转移的氧化还原探针,GO 的循环伏安反应已经表现出了独特性[106]。鉴于这一事实,这样的独特伏安可以用于(作为表征技术)确保 GO 已完全转变为石墨烯,通过测试所选择区域的前和后伏安响应进行对比,此种方法已经得到了应用。

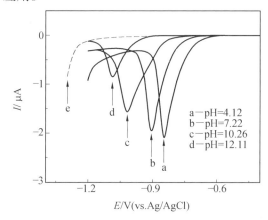

图 3.28　在石英的支撑下,7 mm 厚的 GO 膜上 GC 电极的线性扫描伏安图(磷酸盐缓冲液(PBS))
(需要注意的是,e 表示悬浮于 Na-PBS(1 mol/L,pH 为 4.12)中未改性的/裸的 GC 电极的响应记录。经 Wiley 许可,转载自参考文献[105])

图 3.29(a)示出增加的 GO 固定量在电极表面上(使用外球氧化还原探针六氨合钌(Ⅲ)氯化)的伏安响应,直接与增加的石墨烯相比(图 3.29(b))。在 GO 改善电极上,可以容易地观察到独特伏安特性,这与在石墨烯改善电极的伏安特性是相当不同的,那是因为在 GO 下存在的氧化物质为催化过程做了贡献,该 EC′反应(见 2.5 节)是第一"电子转移过程"(E 工艺),正如通常被描述的那样[106]:

$$A + e^- \rightleftharpoons B \text{ (E Step)} \tag{3.8}$$

随后是一个"化学处理"(C 工序),涉及电产生的产物 B,其再生的起始反应物 A,被下式描述[106]:

$$B+C \xrightarrow{k} A+\text{products}(\text{C Step}) \tag{3.9}$$

伏安响应产生为碳的量增加,这归因于在这种情况下 GO 的氧化物质[106]。请记住,这种反应是独特的六氨合钌(Ⅲ)氯化,并且也在较小程度会发生六氯铱酸钾(Ⅲ)[106]。最重要的是,在图 3.28 中明显观察到的

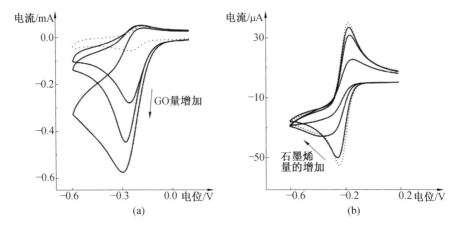

图 3.29　在 1 mol/L 氯化钾中加入 1 mmol/L 的六氨合钌(Ⅲ)氯化的循环伏安曲线（扫描速度:100 mV·S^{-1}(相对于 SCE)。(a)使用 EPPG 电极(虚线),此 EPPG 电极通过增加沉积 GO(实线)获得,增加的量分别为 1.38 μg、2.75 μg 和 8.25 μg;经英国皇家化学学会许可,转载自参考文献[106]。(b)使用一个 EPPG 电极(虚线)得到,此 EPPG 电极是被改性过的,增加了 100 ng、200 ng 和 300 ng 的石墨烯(实线)的量;经英国皇家化学学会许可,转载自参考文献[33])

伏安还原波,加上在图 3.29 中观察到的伏安特性,可用作 GO 是否已有效(电化学)减少的衡量标准[105,106]。

3.2.6　CVD 法制备石墨烯的电化学表征

CVD 法制备的电化学石墨烯,可以在生长石墨烯层的表面上产生一些有益的影响。已经证明,通过仔细选择氧化还原探针,可以观察到不同的伏安响应,通过调查研究可以容易地得出表面的结构和组织。

用 CVD 法生长的石墨烯,表面结构比较一致(或完整),然而石墨岛是随机分布在表面上的;使用外球氧化还原探针六氨合钌(Ⅲ)氯化物表征石墨烯电极表面时,观察到典型的峰值形循环伏安轮廓,并表明了均匀的"石墨烯"薄膜已被成功地制备(图 3.30(a))。

在这种情况下,外球电子转移探针是表面敏感的(方案 3.1),因此石墨烯电极(即所有的边缘平面部位存在)仅作为电子的源(或漏极),使得大部分的几何电极面积参与电化学反应;造成严重重叠扩散区(图 3.30(c),这依赖于所施加的扫描速率),因此可以观察到宏观电极型反应(循环峰形)。只有通过具有不同表面敏感性的氧化还原探头,这些材料科学家们才能够充分体现 CVD 生长石墨烯的性质;当使用内球氧化还原探头时,应该考虑电化学反应。

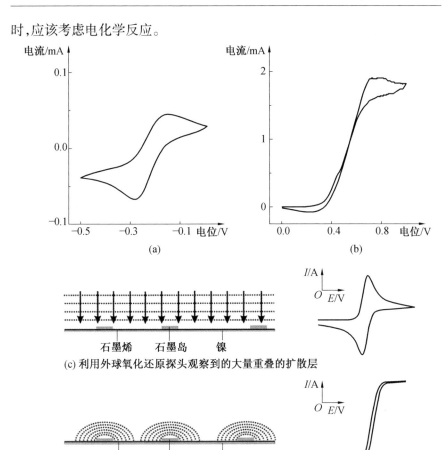

图 3.30　CVD 生长的石墨烯的电化学表征

(图(a)利用 1 mmol/L 的六氨合钌(Ⅲ)的酰氯物在 1 mol/L 氯化钾中获得 CVD 石墨烯电极(虚线)循环伏安曲线;图(b)记录 1 mmol/L 的亚铁氰化钾(Ⅱ)在 1 mol/L 氯化钾中获得 CVD 石墨烯电极的循环伏安曲线;图(c)为 CVD 石墨烯上石墨岛不同扩散区的示意图。图(a)和图(b)是在 100 mV·s^{-1}(相对于 SCE)的扫描速率下进行的。经英国皇家化学学会许可,图片转载自参考文献[107])

如果氧化还原探针改为内球探针,如"亚铁氰化钾(Ⅱ)",可能观察到一个完全不同的伏安响应,如图 3.30(b)所示,其中稳态伏安响应是显而易见的;通常在微电极(见第 2 章)上会出现这种现象——注意在图 3.30(b)中,伏安响应在电位循环后得到。这是有据可查的,亚铁氰化钾表面是高度敏感的(方案 3.1),并对碳-氧表面基团表现出依赖性,亚铁氰化钾存在于电极的表面上,对有害反应的响应是有利的。由于只有通过电势循环且碳-氧基的比例正确,驻留在表面上的石墨结构域(即双层、少层和多层石墨烯)能够被激活,在电极表面仅有某些区域变得激活。这有效地通过活性区域在电极表面产生了一个随机阵列,它们有自己的扩散区(图3.30(c)),其中大多数都彼此分离(根据在给定的工作中使用的施加伏安扫描速率),使得这些扩散区不相互作用,因此S形伏安特性是显而易见的。在这种情况下,假设每个被启动区/域类似于一个微电极阵列,电化学反应,即限制电流(见第2章),由下式给出:

$$I_L = nFrCDN \tag{3.10}$$

其中,n是电子的数目;F是法拉第常数;C是被分析物的浓度;D是分析物的扩散系数;r是电极半径。注意,N是电极/活性区/域在CVD表面和在图3.30(b)中观察到的伏安法大小的数目,如果每个扩散区相互独立,不重叠,则显而易见是通过N"扩增"的。显而易见的是,以上的峰形反应(图3.30(a))处于稳态响应(图3.30(b))时电流更大,鉴于上述说明,是成为微电极/活化结构域阵列的缘故。

利用不同的电化学氧化还原探头,以深入了解和有效地表征潜在电极材料(方案3.1)的重要性,如图3.30所示。例如,如果上述情况下均匀单层纯净石墨烯确实被完全覆盖,没有伏安响应就会被观察到。如果缺陷在整个基面上,则伏安法出现很慢,慢于全覆盖边缘面响应,就像缺陷的增加变得更加可逆。此外,其他情况可能存在,探讨如下。

如在文献中常见的,当材料科学家经由CVD生长石墨烯时,可能发生一个奇怪的现象,虽然未能进行适当的对照实验。用CVD生长石墨烯和使用底层金属表面生长石墨烯进行对照实验时,能够观察到有益的电化学反应,用于表征石墨烯表面相同的镍或铜氧化还原探针被忽略使用。图3.31示出底层金属表面上的非连续石墨烯膜暴露到溶液中的情况,此处的底层金属表面已经生长了石墨烯。在这种情况下,我们有一个异质电极表面,它使人联想到3.1.2节讨论的HOPG表面情况,再次提出,两个表面对于给定的氧化还原探针,将有自己的电化学活性(多相速率常数);即$k^0_{石墨烯}$和已生长石墨烯的底层金属表面的$k^0_{金属表面}$。

在第一种情况下,如果石墨烯薄膜具有比该底层金属表面更大的电化学活性,例如$k^0_{金属表面} \ll k^0_{石墨烯}$,所生长的石墨烯结构域在电化学反应中将占据主导地位。假定石墨烯的覆盖率为宏观电极规模,这将引起表面伏安形峰值类似于一个宏电极的峰值。然而,由于该石墨烯片变得不连续和石墨烯岛屿已形成(在底部金属表面随机分布),各石墨烯域将具有其自己的

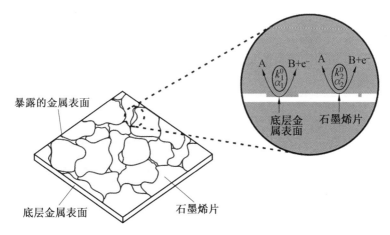

图 3.31 非连续 CVD 生长石墨烯电极的示意图

(石墨烯电极的底层金属表面暴露到该溶液中,二者具有不同的巴特勒-沃尔默特性。请注意,形状、大小和反应性表面(以及石墨烯),正如第 2 章所述,我们可以观察到不同的伏安特性)

扩散区,如果这些区域没有大量重叠(图 3.30(c)),则这些扩散区不相互影响,S 形伏安将占据主导地位。因此,上述情况下将有可能观察到在图 3.30 中关于氧化还原探针的选择:取决于石墨的大小、形状和取向(以及表面覆盖),将观察到不同的伏安特性,正如第 2 章所叙述的。注意,这也将取决于所选择的伏安扫描速率、电靶/分析物的扩散系数以及占主导地位的电化学活性材料的覆盖范围。

在一个非连续石墨烯薄膜的第二种情况下,下面的金属表面(由于其活性)将作为一个电极,并且,如果金属的电化学性能有利于所分析材料的电化学性能,那么,观察到的电化学反应中有一部分是由金属电极提供的,甚至占据主要部分,正如第 2 章所述,根据暴露面(以及石墨烯)的形状、尺寸及反应活性不同,则研究人员将误认为石墨烯具有优异的电化学性能。在这种情况下,假设 $k^0_{石墨烯} \ll k^0_{金属表面}$,金属表面将决定电化学反应,而此电化学反应本应取决于石墨烯膜/岛的覆盖范围。如果石墨的覆盖范围大,使得只有纳米或微条带基底金属曝光,在稳态响应(S 形伏安)下,将曝光一个微电极类型的响应,其中的电流大小由曝光域的数量扩增,并将由式(3.10)控制。然而,这将取决于石墨烯岛屿的分布和替代情况,甚至可能导致宏观电极型结构/底层金属的区域被曝光。最后一种情况显然会导致峰形伏安法占主导地位,已经成为参考文献中的一个基本理论。最近已证实在镍和铜上生长的不良石墨烯,使暴露的底层电极占支配地位(在这种情况下,由于差的制造,暴露的表面是不规则的大尺寸结构域)。起决定因素的关键是,如果底层表面对观察电化学反应是有利的,可以进行对照实验,使用(有相同伏安特性)底层支撑材料(即没有石墨烯),以确定电化学活性的程度。

最后,可能观察到一个非常独特的反应,在3.1.2节中,相对于HOPG电极表面的讨论,可能会观察到两个伏安峰。在这种情况下,电子转移快速的材料中第一峰值会出现,从石墨烯表面中第二峰值将出现。观察伏安法程度将取决于两种材料异质表面的电化学活性、活性位点(扩散区)、伏安扫描速率、电靶/分析物的扩散系数,以及占主导地位的电化学活性材料覆盖之间的距离。

显然,基于上述情况,即CVD法生长石墨烯的电化学性质是非常优良的。本节还强调,材料科学家可以有效地利用电化学作为一个辅助工具,用来表征他们制备的"石墨烯"材料。

本章参考文献

[1] MCCREERY R L. Advanced carbon electrode materials for molecular electrochemistry[J]. Chem. Rev. , 2008,108(7):2646-2687.

[2] BROWNSON D A C, BANKS C E. Graphene electrochemistry:an overview of potential applications[J]. Analyst, 2010,135(11):2768-2778.

[3] http://www. nanoprobes. aist-nt. com/apps/HOPG%2020info. html,2013-01-18.

[4] DAVIES T J, HYDE M E, COMPTON R G. Nanotrench arrays reveal insight into graphite electrochemistry[J]. Angewandte Chemie, 2005, 117 (32):5251-5256.

[5] DAVIES T J, MOORE R R, BANKS C E, et al. The cyclic voltammetric response of electrochemically heterogeneous surfaces[J]. Journal of Electroanalytical Chemistry, 2004,574(1):123-152.

[6] BANKS C E, COMPTON R G. New electrodes for old:from carbon nanotubes to edge plane pyrolytic graphite[J]. Analyst, 2006,131(1):15-21.

[7] http:// www. graphene-supermarket. com,2012-02-28.

[8] DATO A, RADMILOVIC V, LEE Z, et al. Substrate-free gas-phase synthesis of graphene sheets[J]. Nano Letters, 2008,8(7):2012-2016.

[9] LOTYA M, KING P J, KHAN U, et al. High-concentration, surfactant-

stabilized graphene dispersions[J]. ACS Nano, 2010,4(6):3155-3162.

[10] http://www.nanointegris.com,2012-02-28.

[11] LI X S, MAGNUSON C W, VENUGOPAL A, et al. Large-area graphene single crystals grown by low-pressure chemical vapor deposition of methane on copper[J]. Journal of the American Chemical Society, 2011,133(9):2816-2819.

[12] BROWNSON D A C, BANKS C E. The electrochemistry of CVD graphene: progress and prospects[J]. Physical Chemistry Chemical Physics, 2012,14(23):8264-8281.

[13] BROWNSON D A C, KAMPOURIS D K, BANKS C E. Graphene electrochemistry: fundamental concepts through to prominent applications[J]. Chemical Society Reviews, 2012,41(21):6944-6976.

[14] CLINE K K, MCDERMOTT M T, MCCREERY R L. Anomalously slow electron transfer at ordered graphite electrodes: influence of electronic factors and reactive sites[J]. The Journal of Physical Chemistry, 1994, 98(20):5314-5319.

[15] HENSTRIDGE M C, LABORDA E, REES N V, et al. Marcus-Hush-Chidsey theory of electron transfer applied to voltammetry: a review[J]. Electrochimica Acta, 2012,84:12-20.

[16] NISSIM R, BATCHELOR-MCAULEY C, HENSTRIDGE M C, et al. Electrode kinetics at carbon electrodes and the density of electronic states[J]. Chemical Communications, 2012,48(27):3294-3296.

[17] MCCREERY R L, MCDERMOTT M T. Comment on electrochemical kinetics at ordered graphite electrodes[J]. Analytical Chemistry, 2012,84(5):2602-2605.

[18] PERES N M R, YANG L, TSAI S-W. Local density of states and scanning tunneling currents in graphene[J]. New Journal of Physics, 2009, 11(9):095007.

[19] JIANG D-E, SUMPTER B G, DAI S. Unique chemical reactivity of a graphene nanoribbon's zigzag edge[J]. The Journal of Chemical Physics, 2007,126(13):134701.

[20] PUMERA M. Graphene-based nanomaterials and their electrochemistry[J]. Chemical Society Reviews, 2010,39(11):4146-4157.

[21] SHIMOMURA Y, TAKANE Y, WAKABAYASHI K. Electronic States

and local density of states in graphene with a corner edge structure[J]. Journal of the Physical Society of Japan, 2011,80(5):054710.

[22] SHARMA R, BAIK J H, PERERA C J, et al. Anomalously large reactivity of single graphene layers and edges toward electron transfer chemistries[J]. Nano Letters, 2010,10(2):398-405.

[23] BANKS C E, DAVIES T J, WILDGOOSE G G, et al. Electrocatalysis at graphite and carbon nanotube modified electrodes: edge-plane sites and tube ends are the reactive sites[J]. Chemical Communications, 2005, (7):829-841.

[24] WARD K R, LAWRENCE N S, HARTSHORNE R S, et al. The theory of cyclic voltammetry of electrochemically heterogeneous surfaces: comparison of different models for surface geometry and applications to highly ordered pyrolytic graphite[J]. Physical Chemistry Chemical Physics, 2012,14(20):7264-7275.

[25] EDWARDS M A, BERTONCELLO P, UNWIN P R. Slow diffusion reveals the intrinsic electrochemical activity of basal plane highly oriented pyrolytic graphite electrodes[J]. The Journal of Physical Chemistry C, 2009,113(21):9218-9223.

[26] WILLIAMS C G, EDWARDS M A, COLLEY A L, et al. Scanning micropipet contact method for high-resolution imaging of electrode surface redox activity[J]. Analytical Chemistry, 2009,81(7):2486-2495.

[27] LAI S C S, PATEL A N, MCKELVEY K, et al. Definitive evidence for fast electron transfer at pristine basal plane graphite from high-resolution electrochemical imaging[J]. Angewandte Chemie, 2012,51(22):5405-5408.

[28] BATCHELOR-MCAULEY C, LABORDA E, HENSTRIDGE M C, et al. Reply to comments contained in "Are the reactions of quinones on graphite adiabatic?"[J]. Electrochimica Acta, 2013(88):895-898.

[29] LI W, TAN C, LOWE M A, et al. Electrochemistry of individual monolayer graphene sheets[J]. ACS Nano, 2011,5(3):2264-2270.

[30] VALOTA A T, KINLOCH I A, NOVOSELOV K S, et al. Electrochemical behavior of monolayer and bilayer graphene[J]. ACS Nano, 2011,5(11):8809-8815.

[31] BANHART F, KOTAKOSKI J, KRASHENINNIKOV A V. Structural de-

fects in graphene[J]. ACS Nano, 2011,5(1):26-41.
[32] ROBINSON R S, STERNITZKE K, MCDERMOTT M T, et al. Morphology and electrochemical effects of defects on highly oriented pyrolytic graphite[J]. Journal of the Electrochemical Society, 1991,138(8):2412-2418.
[33] BROWNSON D A C, MUNRO L J, KAMPOURIS D K, et al. Electrochemistry of graphene: not such a beneficial electrode material? [J]. RSC. Advances, 2011,1(6):978-988.
[34] MEYER J C, KISIELOWSKI C, ERNI R, et al. Direct imaging of lattice atoms and topological defects in graphene membranes[J]. Nano Letters, 2008,8(11):3582-3586.
[35] UGEDA M M, BRIHUEGA I, GUINEA F, et al. Missing atom as a source of carbon magnetism[J]. Physical Review Letters, 2010, 104 (9):096804.
[36] BROWNSON D A C, FIGUEIREDO-FILHO L C S, JI X B, et al. Freestanding three-dimensional graphene foam gives rise to beneficial electrochemical signatures within non-aqueous media[J]. Journal of Materials Chemistry A, 2013,1(19):5962-5972.
[37] KAMPOURIS D K, BANKS C E. Exploring the physicoelectrochemical properties of graphene[J]. Chemical Communications, 2010,46(47):8986-8988.
[38] HALLAM P M, BANKS C E. Quantifying the electron transfer sites of graphene[J]. Electrochemistry Communications, 2011,13(1):8-11.
[39] GÜELL A G, EBEJER N, SNOWDEN M E, et al. Structural correlations in heterogeneous electron transfer at monolayer and multilayer graphene electrodes[J]. Journal of the American Chemical Society, 2012,134(17):7258-7261.
[40] LIM C X, HOH H Y, ANG P K, et al. Direct voltammetric detection of DNA and pH sensing on epitaxial graphene: an insight into the role of oxygenated defects [J]. Analytical Chemistry, 2010, 82 (17):7387-7393.
[41] JI X B, BANKS C E, CROSSLEY A, et al. Oxygenated edge plane sites slow the electron transfer of the ferro-/ferricyanide redox couple at graphite electrodes[J]. ChemPhysChem, 2006,7(6):1337-1344.

[42] CHOU A, BÖCKING T, SINGH N K, et al. Demonstration of the importance of oxygenated species at the ends of carbon nanotubes for their favourable electrochemical properties [J]. Chemical Communications, 2005(7):842-844.

[43] TANG L H, WANG Y M, LI Y, et al. Preparation, structure and electrochemical properties of reduced graphene sheet films [J]. Advanced Functional Materials, 2009,19(17):2782-2789.

[44] KUMAR S P, MANJUNATHA R, NETHRAVATHI C, et al. Electrocatalytic oxidation of NADH on functionalized graphene modified graphite electrode [J]. Electroanalysis, 2011,23(4):842-849.

[45] PREMKUMAR J, KHOO S B. Electrocatalytic oxidations of biological molecules (ascorbic acid and uric acids) at highly oxidized electrodes [J]. Journal of Electroanalytical Chemistry, 2005,576(1):105-112.

[46] CHEN P, MCCREERY R L. Control of electron transfer kinetics at glassy carbon electrodes by specific surface modification [J]. Analytical Chemistry, 1996,68(22):3958-3965.

[47] CHEN P, FRYLING M A, MCCREERY R L. Electron transfer kinetics at modified carbon electrode surfaces: the role of specific surface sites [J]. Analytical Chemistry, 1995,67(18):3115-3122.

[48] KEELEY G P, O'NEILL A, MCEVOY N, et al. Electrochemical ascorbic acid sensor based on DMF-exfoliated graphene [J]. Journal of Materials Chemistry, 2010,20(36):7864-7869.

[49] KEELEY G P, O'NEILL A, HOLZINGER M, et al. DMF-exfoliated graphene for electrochemical NADH detection [J]. Physical Chemistry Chemical Physics, 2011,13(17):7747-7750.

[50] AMBROSI A, BONANNI A, PUMERA M. Electrochemistry of folded graphene edges [J]. Nanoscale, 2011,3(5):2256-2260.

[51] POH H L, ŠANĚK F, AMBROSI A, et al. Graphenes prepared by Staudenmaier, Hofmann and Hummers methods with consequent thermal exfoliation exhibit very different electrochemical properties [J]. Nanoscale, 2012,4(11):3515-3522.

[52] GUO B, FANG L, ZHANG B, et al. Graphene doping: a review [J]. Insciences J., 2011,1(2):80-89.

[53] HUANG X, QI X, BOEY F, et al. Graphene-based composites [J].

Chemical Society Reviews, 2012,41(2):666-686.

[54] BROWNSON D A C, METTERS J P, KAMPOURIS D K, et al. Graphene electrochemistry: surfactants inherent to graphene can dramatically effect electrochemical processes[J]. Electroanalysis, 2011,23(4):894-899.

[55] BROWNSON D A C, BANKS C E. Graphene electrochemistry: surfactants inherent to graphene inhibit metal analysis[J]. Electrochemistry Communications, 2011,13(2):111-113.

[56] BROWNSON D A C, BANKS C E. Graphene electrochemistry: fabricating amperometric biosensors[J]. Analyst, 2011,136(10):2084-2089.

[57] BROWNSON D A C, BANKS C E. Fabricating graphene supercapacitors: highlighting the impact of surfactants and moieties[J]. Chemical Communications, 2012,48(10):1425-1427.

[58] WONG C H A, PUMERA M. Surfactants show both large positive and negative effects on observed electron transfer rates at thermally reduced graphenes[J]. Electrochemistry Communications, 2012(22):105-108.

[59] ŠLJUKIĈ B, BANKS C E, COMPTON R G. Iron oxide particles are the active sites for hydrogen peroxide sensing at multiwalled carbon nanotube modified electrodes[J]. Nano Letters, 2006,6(7):1556-1558.

[60] BANKS C E, CROSSLEY A, SALTER C, et al. Carbon nanotubes contain metal impurities which are responsible for the "electrocatalysis" seen at some nanotube-modified electrodes[J]. Angewandte Chemie International Edition, 2006,45(16):2533-2537.

[61] AMBROSI A, CHEE S Y, KHEZRI B, et al. Metallic impurities in graphenes prepared from graphite can dramatically influence their properties [J]. Angewandte Chemie International Edition, 2012,51(2):500-503.

[62] AMBROSI A, CHUA C K, KHEZRI B, et al. Chemically reduced graphene contains inherent metallic impurities present in parent natural and synthetic graphite[J]. Proceedings of the National Academy of Sciences of the United States of America, 2012,109(32):12899-12904.

[63] GIOVANNI M, POH H L, AMBROSI A, et al. Noble metal (Pd, Ru, Rh, Pt, Au, Ag) doped graphene hybrids for electrocatalysis [J]. Nanoscale, 2012,4(16):5002-5008.

[64] LI X, YANG X, JIA L, et al. Carbonaceous debris that resided in gra-

phene oxide/reduced graphene oxide profoundly affect their electrochemical behaviors[J]. Electrochemistry Communications, 2012,23:94-97.

[65] TAN C, RODRÍGUEZ-LÓPEZ J N, PARKS J J, et al. Reactivity of monolayer chemical vapor deposited graphene imperfections studied using scanning electrochemical microscopy[J]. ACS nano, 2012,6(4):3070-3079.

[66] WANG H, MAIYALAGAN T, WANG X. Review on recent progress in nitrogen-doped graphene: synthesis, characterization, and its potential applications[J]. Acs Catalysis, 2012,2(5):781-794.

[67] GAN L, ZHANG D Y, GUO X F. Electrochemistry: An efficient way to chemically modify individual monolayers of graphene[J]. Small, 2012,8(9):1326-1330.

[68] SHAO Y Y, ZHANG S, ENGELHARD M H, et al. Nitrogen-doped graphene and its electrochemical applications [J]. Journal of Materials Chemistry, 2010,20(35):7491-7496.

[69] LIU H T, LIU Y Q, ZHU D B. Chemical doping of graphene[J]. Journal of Materials Chemistry, 2011,21(10):3335-3345.

[70] WEI D C, LIU Y Q, WANG Y, et al. Synthesis of N-doped graphene by chemical vapor deposition and its electrical properties[J]. Nano Letters, 2009,9(5):1752-1758.

[71] MUKHERJEE S, KALONI T P. Electronic properties of boron-and nitrogen-doped graphene: a first principles study[J]. Journal of Nanoparticle Research, 2012,14(8):1059.

[72] ZHAO L Y, HE R, RIM K T, et al. Visualizing individual nitrogen dopants in monolayer graphene[J]. Science, 2011,333(6045):999-1003.

[73] LHERBIER A, BLASE X, NIQUET Y-M, et al. Charge transport in chemically doped 2D graphene[J]. Physical Review Letters, 2008,101(3):036808.

[74] LEE S U, BELOSLUDOV R V, MIZUSEKI H, et al. Designing nanogadgetry for nanoelectronic devices with nitrogen-doped capped carbon nanotubes[J]. Small, 2009,5(15):1769-1775.

[75] WANG C D, ZHOU Y G, HE L F, et al. In situ nitrogen-doped graphene grown from polydimethylsiloxane by plasma enhanced chemical vapor deposition[J]. Nanoscale, 2013,5(2):600-605.

[76] QU L T, LIU Y, BAEK J-B, et al. Nitrogen-doped graphene as efficient metal-free electrocatalyst for oxygen reduction in fuel cells[J]. Acs Nano, 2010,4(3):1321-1326.

[77] LUO Z Q, LIM S, TIAN Z Q, et al. Pyridinic N doped graphene: synthesis, electronic structure, and electrocatalytic property[J]. Journal of Materials Chemistry, 2011,21(22):8038-8044.

[78] REDDY A L M, SRIVASTAVA A, GOWDA S R, et al. Synthesis of nitrogen-doped graphene films for lithium battery application[J]. ACSNano, 2010,4(11):6337-6342.

[79] JIN Z, YAO J, KITTRELL C, et al. Large-scale growth and characterizations of nitrogen-doped monolayer graphene sheets[J]. Acs Nano, 2011,5(5):4112-4117.

[80] ZHANG C H, FU L, LIU N, et al. Synthesis of nitrogen-doped graphene using embedded carbon and nitrogen sources[J]. Advanced Materials, 2011,23(8):1020-1024.

[81] DENG D H, PAN X L, YU L, et al. Toward N-doped graphene via solvothermal synthesis[J]. Chemistry of Materials, 2011,23(5):1188-1193.

[82] PANCHAKARLA L S, SUBRAHMANYAM K S, SAHA S K, et al. Synthesis, structure and properties of boron and nitrogen-doped graphene [J]. Advanced Materials, 2009, 21 (46):4726-4730

[83] GHOSH A, LATE D J, PANCHAKARLA L S, et al. NO_2 and humidity sensing characteristics of few-layer graphenes[J]. Journal of Experimental Nanoscience, 2009,4(4):313-322.

[84] GUO B D, LIU Q, CHEN E, et al. Controllable N-doping of graphene [J]. Nano Letters, 2010,10(12):4975-4980.

[85] GENG D, CHEN Y, CHEN Y, et al. High oxygen-reduction activity and durability of nitrogen-doped graphene[J]. Energy & Environmental Science, 2011,4(3):760-764.

[86] WANG X R, LI X L, ZHANG L, et al. N-doping of graphene through electrothermal reactions with ammonia[J]. Science, 2009,324(5928):768-771.

[87] LI X L, WANG H L, ROBINSON J T, et al. Simultaneous nitrogen doping and reduction of graphene oxide[J]. Journal of the American Chemical Society, 2009,131(43):15939-15944.

[88] ZHANG L-S, LIANG X-Q, SONG W-G, et al. Identification of the nitrogen species on N-doped graphene layers and Pt/NG composite catalyst for direct methanol fuel cell[J]. Physical Chemistry Chemical Physics, 2010,12(38):12055-12059.

[89] SHENG Z-H, SHAO L, CHEN J-J, et al. Catalyst-free synthesis of nitrogen-doped graphene via thermal annealing graphite oxide with melamine and its excellent electrocatalysis[J]. ACS Nano, 2011,5(6):4350-4358.

[90] JAFRI R I, RAJALAKSHMI N, RAMAPRABHU S. Nitrogen doped graphene nanoplatelets as catalyst support for oxygen reduction reaction in proton exchange membrane fuel cell[J]. Journal of Materials Chemistry, 2010,20(34):7114-7117.

[91] WANG Y, SHAO Y Y, MATSON D W, et al. Nitrogen-doped graphene and its application in electrochemical biosensing[J]. ACS Nano, 2010, 4(4):1790-1798.

[92] JEONG H M, LEE J W, SHIN W H, et al. Nitrogen-doped graphene for high-performance ultracapacitors and the importance of nitrogen-doped sites at basal planes[J]. Nano Letters, 2011,11(6):2472-2477.

[93] LIN Y-C, LIN C-Y, CHIU P-W. Controllable graphene N-doping with ammonia plasma[J]. Applied Physics Letters, 2010,96(13):133110.

[94] LONG D H, LI W, LING L C, et al. Preparation of nitrogen-doped graphene sheets by a combined chemical and hydrothermal reduction of graphene oxide[J]. Langmuir, 2010,26(20):16096-16102.

[95] WANG D-W, GENTLE I R, LU G Q. Enhanced electrochemical sensitivity of PtRh electrodes coated with nitrogen-doped graphene[J]. Electrochemistry Communications, 2010,12(10):1423-1427.

[96] EWELS C, GLERUP M. Nitrogen doping in carbon nanotubes[J]. Journal of Nanoscience and Nanotechnology, 2005,5(9):1345-1363.

[97] CASANOVAS J, RICART J M, RUBIO J, et al. Origin of the large N 1s binding energy in X-ray photoelectron spectra of calcined carbonaceous materials[J]. Journal of the American Chemical Society, 1996, 118(34):8071-8076.

[98] LIN Z Y, SONG M-K, DING Y, et al. Facile preparation of nitrogen-doped graphene as a metal-free catalyst for oxygen reduction reaction

[J]. Physical Chemistry Chemical Physics, 2012,14(10):3381-3387.

[99] MA G X, ZHAO J H, ZHENG J F, et al. Synthesis of nitrogen-doped graphene and its catalytic activity for the oxygen reduction reaction in fuel cells[J]. Carbon, 2012,51(4):435-435.

[100] PARVEZ K, YANG S B, HERNANDEZ Y, et al. Nitrogen-doped graphene and its iron-based composite as efficient electrocatalysts for oxygen reduction reaction[J]. ACS Nano, 2012,6(11):9541-9550.

[101] ZHENG B, WANG J, WANG F-B, et al. Synthesis of nitrogen doped graphene with high electrocatalytic activity toward oxygen reduction reaction[J]. Electrochemistry Communications, 2013(28):24-26.

[102] DREYER D R, PARK S, BIELAWSKI C W, et al. The chemistry of graphene oxide[J]. Chemical Society Reviews, 2010,39(1):228-240.

[103] COTE L J, KIM J, TUNG V C, et al. Graphene oxide as surfactant sheets[J]. Pure and Applied Chemistry, 2010,83(1):95-110.

[104] SZABÓ T, BERKESI O, FORGÓ P, et al. Evolution of surface functional groups in a series of progressively oxidized graphite oxides[J]. Chemistry of Materials, 2006,18(11):2740-2749.

[105] BROWNSON D A C, LACOMBE A C, GÓMEZ-MINGOT M, et al. Graphene oxide gives rise to unique and intriguing voltammetry[J]. RSC Advances, 2012,2:665-668.

[106] ZHOU M, WANG Y L, ZHAI Y M, et al. Controlled synthesis of large-area and patterned electrochemically reduced graphene oxide films[J]. Chemistry, 2009,15(25):6116-6120.

[107] BROWNSON D A, BANKS C E. CVD graphene electrochemistry: the role of graphitic islands[J]. Physical Chemistry Chemical Physics, 2011,13(35):15825-15828.

[108] BROWNSON D A C, GÓMEZ-MINGOT M, BANKS C E. CVD graphene electrochemistry: biologically relevant molecules[J]. Physical Chemistry Chemical Physics, 2011,13(45):20284-20288.

[109] OBRAZTSOV A, OBRAZTSOVA E, TYURNINA A, et al. Chemical vapor deposition of thin graphite films of nanometer thickness[J]. Carbon, 2007,45(10):2017-2021.

[110] KIM K S, ZHAO Y, JANG H, et al. Large-scale pattern growth of graphene films for stretchable transparent electrodes[J]. Nature, 2009,457

(7230):706-710.
[111] GUERMOUNE A, CHARI T, POPESCU F, et al. Chemical vapor deposition synthesis of graphene on copper with methanol, ethanol, and propanol precursors[J]. Carbon, 2011,49(13):4204-4210.
[112] AMBROSI A, BONANNI A, SOFER Z, et al. Large-scale quantification of CVD graphene surface coverage[J]. Nanoscale, 2013,5(6): 2379-2387.

第4章 石墨烯的应用

前面的章节中介绍了石墨烯不同的电化学应用,旨在扩展石墨烯电化学的基础研究。其一个重要的应用是作为电极材料,用于电分析以及电存储/转换领域。拿电分析来说,其在电化学领域有着广泛的应用,比如制备世界范围的传感器材,用于检测对人体健康和环境有害的物质。其中最成功的商业化路线是"每年十亿美元"的葡萄糖传感市场,能让糖尿病患者及时测量血压,而不必到诊所和医院。通常,这些传感器采用碳/石墨衍生物作为原料,以丝网印刷法制备,适宜批量生产,并且具有经济性和可再生性。其他基于这种形式的传感器也正在被商业化。

一个电化学器材的性能如何,电极材料本身的性质是最重要的。因此科学家们一直致力于研究不同电极材料的利用,如石墨烯。正如上文提到的,石墨形式的碳是被广泛使用的一次性电极材料,具有较好的经济性,可以批量生产,同时无毒且导电性高。石墨烯也不例外,由于其有趣的电化学性质(第3章)以及独特的物化性能(第1章),因而具有广泛应用于传感和能源相关电化学领域的巨大优势。

您现在读这本书最有可能的原因,是您曾经读到过在电分析以及能量相关的电化学领域,石墨烯是一种奇妙的材料。有很多文献支持上述结论,同时我们能列出很多关于石墨烯修饰的电极材料在电分析或者能量存储和再生等领域应用的报道。然而仔细阅读这些文献就会发现它们并不全面,我们的目的在于提供一个准确的、多角度的关于石墨烯在电分析以及能量存储(超级电容器等)和转换(燃料电池等)领域的介绍;提供给读者一个建设性的视角,让读者自行判断石墨烯是否具有革命性,抑或是已经给这些领域带来了革命。

4.1 石墨烯的传感应用

如何通过将电导线与石墨烯结合,获得具有报道的优异性能的石墨烯,是石墨烯工作者目前面临的普遍问题。通常方法是对已知使用性能较好的电极材料进行修饰,如玻璃碳(GC)、硼掺杂金刚石(BDD)及丝网印刷电极;以及一些不常用的边缘(EPPG)和基面(BPPG)热解石墨电极。典型过程是将选用的电极基质在体积为 μL 整数倍的石墨烯悬浊液/溶液中进行表面可控修饰,研究其电极响应性能。

石墨烯电分析法常用于检测多巴胺[3]和 β-烟酰胺腺嘌呤二核苷酸[4]。对于前者,石墨烯修饰的 GC 电极可以在抗坏血酸存在时检测到多巴胺的存在,其中抗坏血酸是一种与多巴胺共存于生物组织中,且电化学性能相似的物质。研究者们已报道采用石墨烯修饰的电极可以完全排除共存氧化峰的问题。同时比起 MWCNTs,石墨烯由于独特的电化学结构而具有更加出色的电化学响应。科学家们认为,在排除抗坏血酸对多巴胺伏安响应的影响后,由于多巴胺苯基结构中的 π-π 键及石墨烯的二维平面六方碳结构,使电子容易发生转移,抗坏血酸氧化物是惰性的,最可能还是由于石墨烯中较弱的 π-π 键[3]。当抗坏血酸过量时,5~200 μmol/L 的多巴胺就都可以被检测到,这也为石墨烯真正实现传感应用提供了可能。

图 4.1 所示为在含有 2 mmol/L NADH 的 0.1 mol/L 磷酸盐溶液(PBS,pH=7)中,BPPG 和 EPPG 电极经石墨烯修饰后得到的循环伏安曲线。研究者们报道了 NADH 在电化学氧化后,比起裸的/未修饰的 BPPG 和 EPPG 电极,石墨烯修饰的电极阳极峰值电位出现连续的负迁移(增加的电化学响应)。同时指出使用石墨烯"电催化"(我们的研究重点)氧化的 NADH,要比使用石墨烯修饰的 EPPG 和未修饰的 EPPG 的氧化峰值电位都高,后两者分别约为 0.564 V 和 0.652 V。由于石墨烯独特的电子结构和性能,经石墨烯修饰后的 BPPG 和 EPPG 电极激活能降低,可以在较低电位下检测到 NADH[4]。

科学家们[4]从此掀起了石墨烯的研究热潮,然而从图 4.1 中我们也可以清楚地观察到在研究中用到的裸 BPPG 和 EPPG 电极同时增加了 NADH 的氧化电势,事实上 EPPG 响应更容易发生可逆。有兴趣的读者可以查阅参考文献[5]。

图 4.2 所示是其他科学家对扑热息痛的电化学检测报道[6]。未经石墨烯(羟基和羧基功能化后的石墨烯薄片)修饰的裸的 GC 电极,扑热息痛的电化学氧化过程为不可逆行为,氧化还原峰和电流均较弱,Epa(阳极峰值电位)约为 0.368 V,Epc(阴极峰值电位)约为 0.101 V。经石墨烯修饰后电极,检测扑热息痛时出现了一对明显的氧化还原峰,Epa 约为 0.273 V,Epc 约为 0.231 V;比起未经石墨烯修饰的 GC 电极,由于石墨烯的纳米复合薄膜加速了电化学反应过程,使过电压明显降低 95 mV[6],如图 4.2 所示。采用循环伏安法研究扫描速率对石墨烯修饰后电极的扑热

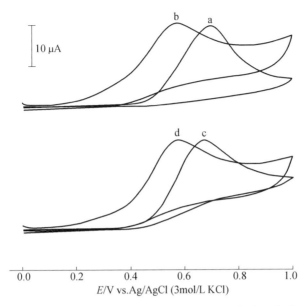

图 4.1　在含有 2 mmol/L NADH 的 0.1 mol/L 磷酸盐溶液(PBS, pH=7)中得到的循环伏安曲线

(a 为裸的 BPPG 电极;b 为石墨烯修饰的 BPPG 电极;c 为裸的 EPPG 电极;d 为石墨烯修饰的 EPPG 电极。经 Elsevier 版权许可,转载自参考文献[4])

息痛氧化还原对的影响,结果表明这是一个表面限制过程[6]。石墨烯薄膜潜在的多孔结构会引起质量的变化,观察其薄层的典型行为(见 2.11 节);该行为与石墨烯在区域Ⅲ(见第 3 章)的电化学响应过程一致。石墨烯修饰的电极出现了较大的背景电流,可能是由于多孔表面上较多的可及表面区域造成的。然而,作者们接着给出了石墨烯修饰电极允许的检测限值为 3.2×10^{-8} mol/L,5.2% 的重复率(相对标准差),以及一个较满意的复原范围 96.4% ~ 103.3%。附录 B 给出了数据分析综述,很多文献也采用该有效分析基准。

其他有趣的工作报道了采用还原石墨烯片来检测曲酸,曲酸是曲霉属真菌、醋细菌及青霉素的天然代谢产物[7]。另外,在化妆品的研制中会用到曲酸和曲酸衍生物,来达到美白效果,同时它们也是食品的添加剂和防腐剂。由于其潜在的致癌性,开发一种便捷、经济、快速、灵敏度高的方法来检测不同样品中的微量曲酸,是十分必要的[7]。图 4.3 所示为在 0.2 mol/L、pH=6.0 的 HAc-NaAc 溶液中,包含 200 μmol/L 曲酸和不含曲

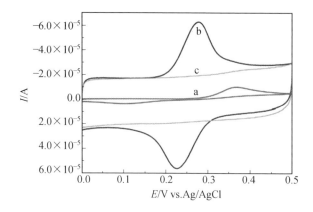

图 4.2 在 pH 为 9.3, 0.1 mol/L $NH_3 \cdot H_2O-NH_4Cl$ 的缓冲溶液中得到的循环伏安图

(a 为含 100 μmol/L 扑热息痛的 GC 电极；b 为 20 μmol/L 扑热息痛；c 为无扑热息痛的石墨烯/GC 电极，扫描速率为 50 mV·s^{-1}。经 Elsevier 版权许可，转载自参考文献 [6])

酸时，裸的 GC 和石墨电极的循环伏安响应图。需要注意的是本工作中使用的石墨电极[7]并非 HOPG 或其他形式的 EPPG 或 BPPG 电极。裸的 GC 和石墨电极（分别为曲线 b 和 d）的响应表明，一旦曲酸发生电化学氧化，它的伏安峰将不明显。作者们也指出如果用石墨烯（由还原 GO 法制备得到，例如还原石墨烯片（RGSs））来修饰 GC 电极，可以观察到明显的阳极峰，同时峰值电位（E_p）降低到约 0.87 V（曲线 f），峰值电流明显增加；因此推测曲酸氧化时，RGSs 具有较高的电催化活性。作者们又在论文中进一步指出，在使用 RGSs/GC 电极时，过电压的降低以及曲酸氧化电流大幅度增加，均由 RGSs 较高的边缘位点/缺陷造成。

最近有很多关于石墨烯的"电催化"行为，优异的分析性能以及相关结构的报道，包括对不同种类的分析物，如生物分子、气体以及各种各样有机和无机复合物的检测[8,9]，我们希望在此基础上能进一步拓展其应用。有趣的是，在上面的举例（及许多其他的例子）中，仅仅将石墨烯的电催化性能与基础电极（通常为 GC）进行了比较，并没按照常规与其他相关的石墨材料（如 HOPG，甚至石墨）进行比较。有一个重要的问题是，当前大部分研究中使用的石墨都是准石墨烯[10]，即多层结构在理论上与石墨的结构组成相近。如图 4.3 中的具体例子所示，作者们试图将它们的响应过程与一种（未定义的）石墨电极进行比较，来说明经 RGSs 修饰后可产生有效伏安法[7]。然而作者们没能给出关于原始材料氧化石墨烯(GO)和简易石墨修饰 GC 电极合适的对照实验;同时对于可能引起图 4.3 报道的"电催化"响应现象的还原 GO 中的氧化物种类并不清楚。

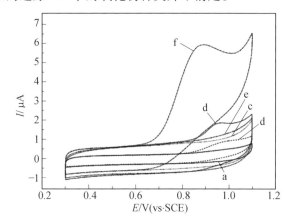

图 4.3 在 0.2 mol/L HAc-NaAc 溶液中(pH = 6.0)循环伏安图
a—未修饰的 GC 电极;b—裸 CG 电极;c,d—石墨电极;
e—还原的石墨烯薄片;f—GC 电极
(其中,a、c、e 中不含有曲酸,b、d、f 中含有 200 μmol/L 曲酸,扫描速率为 100 mV · s^{-1}。经 Elsevier 版权许可,转载自参考文献[7])

另外,需要进一步研究采用石墨烯修饰的 GC 电极检测扑热息痛(上文重点部分)。作者们提出可以从"石墨烯中存在的缺陷会加速电化学反应"的角度来改进[6]。由于缺少对照实验,所谓"电催化"的真正原因并不清楚,只要是经过羟基和羧基修饰的石墨烯薄片,都可能会引起图 4.2 所示的响应。或者是在制备过程中产生石墨缺陷也会增加响应,从而形成一种高度无序、多孔的石墨烯结构,在这种情况下观察到的响应是由"薄层"缺陷引起的(见 2.11 节)。

在电化学中使用的石墨烯大部分都是通过还原 GO 的方法制备的,最终反应结束后得到部分功能化的石墨烯薄片或者化学还原的 GO,其中存在大量碳氧官能团的结构缺陷(边缘位点/缺陷)[9,11],将会对电化学活性造成很大影响;这对于目标分析物的检测可能产生有利也可能产生不利的影响[8, 12-15]。

当我们撰写本书的时候,已经有一些将石墨烯成功应用到电分析领域的例子,其中石墨烯具有较高的敏感度和较低的检测限度,然而很明显大部分情况下并没报道纯石墨烯的电化学性能。在报道石墨烯的电催化性能前进行合适的对照和对比试验是十分重要的;附录 C 总结了不同对照试验的必要性(不详尽)。

在前面提到的电分析响应过程中,将纯石墨烯修饰的电极,也就是原始石墨烯用于多巴胺(DA)、曲酸(UA)、扑热息痛(AP)和 p-苯醌(BQ)的电分析检测[16]。由于石墨烯的电分析能力是很复杂的,作者们选择修饰 HOPG 电极基底(一种与石墨烯本质相似的材料),它表现出或快或慢(分别为 EPPG 或 BPPG)的电子传递性(分别为有利的或有害的电化学性能)。图 4.4 所示对比了不同电极材料的响应过程和原始石墨烯修饰的电极对 DA 的检测,得到的结果与文献报道的一致。图中同时给出了裸的 BPPG 电极的响应过程,为大规模峰峰(ΔE_p)分离的循环伏安响应;由于 EPPG 中存在更多的边缘位点/缺陷,该响应与其表面结构的差别是一致的[16]。

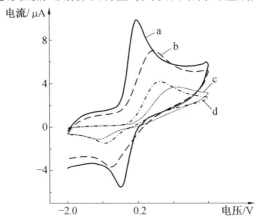

图 4.4　在 pH=7 的 PBS 溶液中,含 50 μmol/L 多巴胺(DA)的循环伏安曲线
  a—未修饰的 EPPG 电极;b—20ng 原始石墨烯修饰的 EPPG 电极;
  c—20ng 原始石墨烯修饰的 BPPG 电极;d—未修饰的 BPPG 电极
  (扫描速率为 100 mV·s^{-1}(vs. SCE)。经 RSC 版权许
  可,转载自参考文献[16])

有趣的是,向两个电极基质引入原始石墨烯,会引起伏安响应(两种情况下)的降低,峰位置(重要的分析电流)降低,以及 ΔE_p 间隔(缓慢的、相反的、不均匀的电子转移动力学)的增加[16]。要选好石墨烯的覆盖范围,使其在纯石墨烯修饰的电极附近。第 3 章曾提到石墨烯电化学中有三个明显的"区域",在区域 Ⅰ 中覆盖范围要符合使用的石墨烯修饰电极,这样石墨烯在其附近,得到单层和少层石墨烯,如图 4.4 所示。这里有个有趣的问题,为什么不继续加入更多的石墨烯直到观察到性能提高呢?此外,覆盖范围的变化将导致修饰后的电极进入区域 Ⅱ,出现多层石墨烯,那么

为什么要使用石墨烯？是因为正在重组石墨的结构！这个幼稚的问题准确地揭示出了为什么文献中都为了方便而不做对照试验。

再回到探索原始石墨烯修饰电极的电分析响应问题,图4.5所示描绘了将多巴胺添加到黄油溶液中,使用石墨烯修饰的电极与使用其他电极材料绘制的标准曲线的响应过程。在梯度最大的时候发生最佳响应,因此灵敏度符合裸的 EPPG 电极。表4.1 总结了在使用不同的电极材料、针对不同分析目标的电化学响应过程,包括响应灵敏度以及检测限度(LOD)[16]。

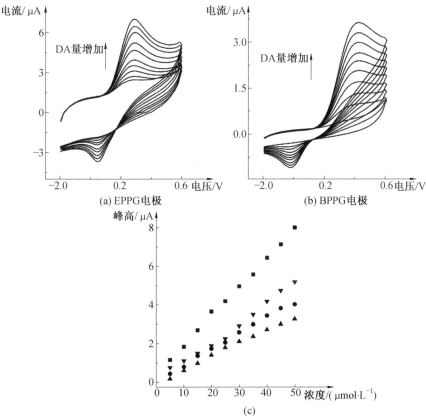

图4.5 在连续添加 5 μmol/L 多巴胺(DA)的 pH = 7 的 PBS 溶液中循环伏安图
■—未修饰的 EPPG 电极;▼—20 ng 石墨烯修饰的 EPPG 电极;
●—未修饰的 BPPG 电极;▲—20 ng 石墨烯修饰的 BPPG 电极
((a)EPPG 和(b)BPPG 电极氧化反应的循环伏安图;(c)采用循环伏安测试法,使用未修饰的 EPPG 和 BPPG 电极以及经 20 ng 石墨烯修饰的 EPPG 和 BPPG 电极,得到的峰高与溶液中多巴胺浓度关系的校准曲线。扫描速率为 100 mV·s^{-1}。经 RSC 版权许可,转载自参考文献[16])

表 4.1 采用不同电极材料/修饰对多巴胺(DA)、曲酸(UA)、p-苯醌(AP)(20 ng 石墨烯修饰的 DA、UA 和 AP 及 40 ng 石墨烯修饰的 BQ)进行电分析,得到的灵敏度与相关 LOD 值(基于 3σ)的对比($N=3$)

电极材料	灵敏度/(A·(mol·L^{-1})$^{-1}$)	LOD (3σ)/(μmol·L^{-1})
DA	—	—
EPPG	0.15	1.73(±0.03)
石墨烯/EPPG	0.10	3.78(±0.08)
BPPG	0.08	2.44(±0.05)
石墨烯/BPPG	0.07	4.18(±0.11)
UA	—	—
EPPG	0.13	10.40(±0.48)
石墨烯/EPPG	0.09	11.25(±0.40)
BPPG	0.08	11.18(±0.36)
石墨烯/BPPG	0.04	14.02(±0.46)
AP	—	—
EPPG	0.21	2.41(±0.06)
石墨烯/EPPG	0.14	2.77(±0.08)
BPPG	0.12	3.33(±0.11)
石墨烯/BPPG	0.10	4.11(±0.14)
BQ	—	—
EPPG	−0.14	2.14(±0.05)
石墨烯/EPPG	−0.10	3.05(±0.04)
BPPG	−0.08	3.40(±0.15)
石墨烯/BPPG	−0.08	2.31(±0.09)

注:经 RSC 版权许可,转载自参考文献[16]

将石墨烯加入到靶向电极基底中,电极的电分析性能反而下降;这与大多数文献报道的是相反的,文献认为添加石墨烯会引起电分析响应性能的增强[6,7,17-21]。然而重要的是,石墨烯修饰的 EPPG(快速电极反应动力学)和 BPPG(慢速电极反应动力学)电极的性能较差,这与基本理论一致(见第 3 章),从一些早期使用原始石墨烯修饰的石墨电极的工作中也可以推测出[22]。第 3 章中提到了原始石墨烯边缘电子密度比中心高,由于特殊的几何结构,石墨烯的边缘面比表面积较小,与最相似的结构石墨相比,石墨烯表现出不均匀的电子转移动力学[22]。因此,上面提到的响应是由于(两种情况)在给定电极表面有效边缘的成比例覆盖产生的,随着石墨烯的加入,空位数量会减少,被石墨烯的惰性原始基底空位替代,形成"受阻的"电极表面,降低的电子迁移动力学会导致电化学性能变差。结果是电极动力学的整体可逆性/不可逆性发生了变化[16,23,24];分析信号出现较大偏差,推测可能是由于在原始石墨烯中不存在含氧官能团,而这种官能团很容易在 HOPG 表面(通过电极表面的预处理)出现,在某些情况下含氧官能团是有用的[16,25,26]。

其他工作涉及了采用原始石墨烯修饰(石墨基)的丝网印刷电极(SPEs),通过阳极溶出伏安法对 Cd^{2+} 进行电分析检测,沉积电压为 -1.2 V,时间 120 s[27]。图 4.6(a) 所示为不同石墨烯质量(覆盖范围)对 SPE 表面的影响;随着石墨烯覆盖范围的增加,电分析参数即伏安氧化峰呈现数量级减小。图 4.6(b) 为采用石墨烯修饰的 SPEs 来检测 Cd^{2+} 的电分析响应过程,同时给出了裸 SPE(不加入石墨烯)做电极的对照试验[27]。

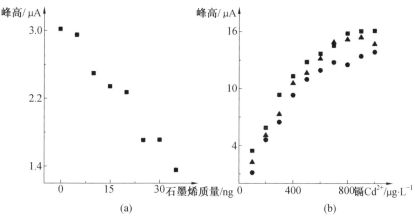

图 4.6 Cd^{2+} 的阳极溶出伏安法检测

(图(a)为在 pH = 1.5 的 HCl 溶液中,检测 400 μg·L^{-1} Cd^{2+} 时,合成峰高与石墨烯在电极表面覆盖质量的关系;图(b)为未修饰的 SPE(方块)和用 20 ng(三角)和 35 ng(圆)石墨烯修饰的 SPE 电极,峰高与 Cd^{2+} 浓度关系的校准曲线。经 RSC 版权许可,转载自参考文献[27])

很容易发现在添加石墨烯后,电化学活性并没有明显提高,甚至在电极表面引入石墨烯后,伏安信号减弱了,石墨烯修饰的 SPEs 对于 Cd^{2+} 的检测灵敏度降低。石墨烯修饰后分析信号的内部重复性也降低了,检测 400 μg·L^{-1}(400 ppb)Cd^{2+} 时,对于未修饰的 SPE 以及采用 20 ng 和 35 ng

石墨烯修饰后的 SPE,峰的高度/面积的百分比相对标准偏差(%RSD)分别为 0.7%/4.4%,5.2%/2.8% 和 16.3%/15.8%($N=4$)。要选择覆盖范围(添加物质量)与区域Ⅰ中石墨烯电化学类似[27]。

因此,金属只在石墨材料的边缘位点形核,原始石墨烯(石墨烯基底面无缺陷)结构中较低的边缘与基底面积比会导致较弱的伏安响应;再加上上述可再生的石墨烯修饰电极高出通常接受 RSD 的 5%(这通常在分析上是难以接受的),表明通过阳极溶出伏安法,采用原始石墨烯用于金属离子的电分析是不合理的[27]。

在被表面活性剂吸附/污染的石墨烯修饰的电极来检测过氧化氢的早期工作中[28],也出现了与上述两项研究工作中相同的趋势[16,27]。采用不同的表面活性剂和石墨修饰的电极严格进行对照试验,我们可以推测,比起石墨烯,石墨修饰的电极由于边缘位点百分比的增加,而表现出出色的电化学活性;在 32.8 μA/(mmol·L^{-1}) 和 49.0 μA/(mmol·L^{-1}) 时,分别对石墨烯和石墨修饰电极的灵敏性进行了测试。然而有趣的是,在电流生物传感器中,按常规将 Nafion™ 加入石墨烯和石墨修饰的电极时,产生效果是不同的,前者有利,后者有害(由于每种材料各自边缘位点的有效性/可能性发生了变化)[28]。

其他有意义的工作表明[21,29],对于单层、少层和多层石墨烯修饰的 GC 电极,采用石墨微球用于对照实验,电分析检测 UA 和 L-抗坏血酸(AA)时,在灵敏度、线性度及重复性等方面并没有表现出突出的优势。这些结果在电化学检测 2,4,6-三硝基甲苯(TNT)中得到了拓展。图 4.7 所示为分别采用单层、少层和多层石墨烯修饰的 GC 电极电化学检测 TNT 时的循环伏安响应过程。TNT 三种硝基群的减少会在 −525 mV、−706 mV 和 −810 mV 电压附近出现三个还原峰,表明 TNT 中不同硝基群发生了逐步还原过程。图 4.8 对比了不同石墨烯相对于 TNT 标准曲线的分析响应过程。很明显,比起单层、少层和多层石墨烯替代物,石墨微球修饰的电极在电分析灵敏度上有了微弱的提升。事实上,单层石墨烯修饰的电极产生的响应最弱,石墨和多层石墨烯的表现相近。该现象与单层石墨烯的电化学响应较弱是一致的,随着石墨烯层数的增加,导致边缘位点比例增加,相对于石墨,响应将会提高。

总之,从已知的文献和上述强调的工作中发现,由于石墨烯的组成不同形成低速不等的电子迁移速率,而我们希望电子快速迁移,很明显在电分析过程中引入原始石墨并没有什么改善。在这些研究中,EPPG 电极具有石墨平面的各种有利取向,拥有最佳边缘覆盖(和可行性),因此一直表现出优异的性能,一旦存在氧化物时[16,22,27,30,31],首先采用原始石墨烯修饰的电极对目标分析物进行电分析。

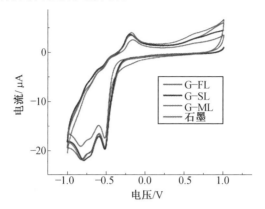

图4.7 14 μg/mL TNT 在单层(G-SL)、少层(G-FL)和多层(G-ML)石墨烯纳米带与(graphite)石墨微球的循环伏安图
(条件:背景电解质为0.5 mol/L NaCl;扫描速率为100 mV·s⁻¹。经SSBM版权许可,转载自参考文献[21])

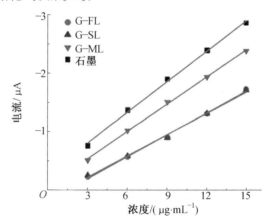

图4.8 在0.5 mol/L NaCl 中,采用差分脉冲伏安法得到的 G-SL、G-FL、G-ML(见图4.7)和石墨电极表面 TNT 的浓度关系图
(经SSBM版权许可,转载自参考文献[21])

采用的制备方法不同,将得到各种不同的石墨烯,因此都需要给出对照实验;附录C是石墨烯实验者的总结。

如上述讨论的,一种典型方法是采用等分石墨烯悬浊液/溶液修饰电极基底,通过控制表面的覆盖范围,调控电分析响应过程。然而,由于石墨烯倾向于以最低能态存在,如块状石墨烯(即石墨),石墨烯片发生团聚。最理想的情况是表面由准石墨烯和同时加入一些添加物后,表面出现一定程度上的偏差形成的石墨烯片层(即由石墨组成)。防止发生团聚的方法是采用由化学气相沉积法(CVD)制备得到的纯石墨烯电极,其中将石墨烯预制备于基底上,通过对表面的表征来确定使用的石墨烯质量。

市场上已经将 CVD 法制备的石墨烯电极用于电分析检测生物上的重要分析物 NADH 和 UA[31]。图 4.9 所示为 CVD 法在镍薄膜上生长的石墨烯表面的 AFM 图。图中可以看到石墨烯的表面是高度无序的,空间取向既有平行又有垂直,还包括横穿表面的石墨岛,形成许多边缘位点的全覆盖;采用 CVD 法在 Ni 基底上生长的石墨烯,表面是多晶的、高度无序,且存在大量缺陷类似于 HOPG 表面[32]。用 CVD 石墨烯、EPPG 和 BPPG 电极来检测 NADH 时,采用循环伏安法来测定分析灵敏度,结果分别为 $0.26\ A\cdot cm^{-2}\cdot (mol\cdot L^{-1})^{-1}$,$0.22\ A\cdot cm^{-2}\cdot (mol\cdot L^{-1})^{-1}$ 和 $0.15\ A\cdot cm^{-2}\cdot (mol\cdot L^{-1})^{-1}$ [31]。EPPG 和 CVD 电极由于具有相似的电极表面电子结构,即存在良好比例的边缘位点/缺陷,而表现出相似的响应过程;CVD 石墨烯电极的性能要优于 BPPG 电极,因为前者比后者(EPPG 电极也是)具有更高的边缘位点比例。检测 UA 时,CVD 石墨烯、EPPG 和 BPPG 电极的分析灵敏度分别为 $0.48\ A\cdot cm^{-2}\cdot (mol\cdot L^{-1})^{-1}$、$0.61\ A\cdot cm^{-2}\cdot (mol\cdot L^{-1})^{-1}$ 和 $0.33\ A\cdot cm^{-2}\cdot (mol\cdot L^{-1})^{-1}$,其中 CVD 石墨烯电极的性能优于 BPPG 电极而逊于 EPPG 电极,推测可能是由于在氧化物存在时,UA 具有不同的表面灵敏度,进而在两种电极中产生不同的 O/C 比[30,31]。

其他有用的工作报道了电镀 CVD 生长石墨烯电极可用于多种核酸、尿酸(UA)、多巴胺(DA)和抗坏血酸(AA)的电分析检测。电极表面阳极化后,边缘氧化缺陷增加,表现出优于原始石墨烯的电子转移动力学。使用微分脉冲伏安法(DPV),根据不同的峰来区分核酸(腺嘌呤、胸腺嘧啶、胞嘧啶和鸟嘌呤)的混合物或生物分子(AA、UA 和 DA),阳极化后的石墨烯电极无须水解便可同时检测四种 DNA 双链(dsDNA)中的脱氧核糖核酸碱基,同时还可以从 dsDNA 中区分出单链 DNA[33]。作者们接着给出了阳极化石墨烯电极与原始石墨烯、GC 和 BDD 替代物的对照试验,阳极化石墨烯电极的表现是最好的[33]。本工作表明随着边缘缺陷的增加,石墨烯而非原始石墨烯,将为电化学检测提供良好的平台。

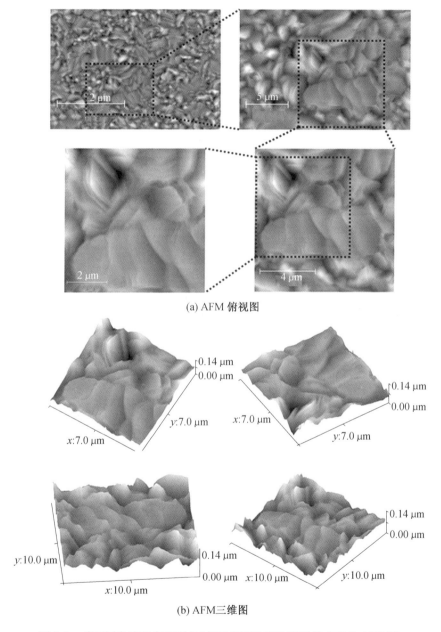

图 4.9 从不同角度观察得到的"标准"商用 CVD 石墨烯表面的 AFM 图
(经 RSC 版权许可,转载自参考文献[31])

为了支持这项工作,还有许多有关高度无序、含有大量缺陷(高的边缘含量)或者含氧量高的石墨烯,被用于检测领域的报道[34-36]。有趣的是,石墨烯功能化会降低电导性,而形成的含氧群和结构缺陷又有利于电化学应用,这是因为含氧群和结构缺陷可以作为某些表面灵敏度分析物/探针中快速不均匀电子转移的主要位点:这些位点为纳米结构的发展或生物分子附着/吸附提供了有利的附着位点,有利于特殊群组的引入,这对石墨烯在电化学检测和能量领域的应用起着重要的作用,因此石墨烯基电极的电化学性能可通过化学修饰和裁剪进行改进和调整,以用于不同领域[37]。

对于上述分析物的研究表明,最理想的情况是采用 CVD 石墨烯电极模仿 EPPG 电极的电分析性能,因为单独使用 CVD 石墨烯并没有突出优势。很明显如果使用上述提到的纯石墨烯(这时快速电子转移是有益的),会获得与 EPPG 电极相似的最佳响应,由 Randles-Ševćik 等式得到;出现的偏差是由于薄层行为或是由于大规模运输性质的改变或其他影响因素(如杂质,见 3.2.2 节和 3.2.3 节),并非由于石墨烯是"电催化"的。

不依靠石墨,除了开发具有高密度边缘位点/缺陷以及有利的含氧群组(用于感兴趣的目标分析物)的石墨烯材料,石墨烯还具有哪些有用的性质呢?

对于原始石墨烯,大部分基面位点会为目标分析物提供许多吸附位点。事实上已经证明,原始石墨烯可用于脱氧核糖核酸碱基、腺嘌呤和鸟嘌呤的检测,前者可以吸附到基面位点,同时边缘位点提供了电子转移位点;使用石墨(EPPG 和 BPPG)电极作为对照实验进一步证明了上述过程[38]。然而由于原始石墨烯本身独特的结构中边缘位点所占比例较小,电化学信号相对较弱,限制了其作为电化学传感器的应用[38];一个更有优势的路线是将石墨烯预处理,诱导产生许多穿过基面表面的边缘缺陷。有趣的是,在这里用的是经化学修饰的石墨烯,包含不同的缺陷密度和不同量的含氧群组[39,40]。对于修饰后的石墨烯,其表面功能、结构和缺陷的差异将影响其电化学行为,影响对腺嘌呤氧化的检测,后续工作表明少层石墨烯电化学性能改善,优于单层石墨烯、多层石墨烯(即石墨)、EPPG 和未修饰的 GC 电极替代物[39,40]。重要的是,本工作说明通过对石墨烯进行有效的剪裁,可以得到许多有利的、必需的特征或性能,这无疑会对石墨烯基传感器的构型产生巨大影响。

在其他方面,关于掺杂石墨烯结构(或者制备新的三维杂化、复合石墨烯材料)的使用和制备的研究也是有意义的,由于其电化学性能的改变,导致修饰后的石墨烯电导率或电子性能(ROS)改善,增加了无序性和/(或)

边缘可能性。

目前已有大量关于石墨烯基材料的报道,如对可卡因[44]、过氧化氢[45]、草酸[46]、乙醇[47]、多巴胺[48]、一氧化氮[49]和重金属(镉、铅、铜和汞)的超灵敏分析检测。举例来说,使用氮掺杂的石墨烯(NG)同步测定 AA、DA 和 UA,在氧化三种分析物时表现出了较高的电化学活性,如图 4.10 所示。由于掺 N 后形成独特的结构和性质,NG 电化学传感器表现出较宽的线性响应和低的检测限[43]。这项工作表明,NG 是一种潜在的可用于电化学检测和其他电催化领域的先进电极材料。需要指出上述工作中,对照实验仅采用了未修饰的 GC 电极(优先支持使用的),而非其他经过相同处理的、相似的石墨/碳材料(当然包括原始石墨烯)。有必要进行对照试验找出样品电化学性能提高的原因,扩展到使用纳米复合物的情况(金属纳米粒子修饰的石墨烯或碳-石墨烯基杂化材料)时,需要单独考虑每个独立的组分所造成的响应(也包括添加的替代物,相似于石墨结构);附录 C 为不同对照实验的必要(不详细)的总结,每位石墨烯工作者都应仔细研究。

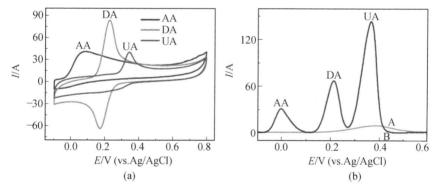

图 4.10 氮掺杂的石墨烯(NG)同步测定 AA、DA 和 UA

(图(a)为在 pH = 6.0、0.1 mol/L 的 PBS 溶液中,NG 修饰的 GC 电极的循环伏安图,其中抗坏血酸(AA)为 1.0 mmol/L,多巴胺(DA)1.0 mmol/L,尿酸(UA)1.0 mmol/L,扫描速率为 100 mV·s^{-1}。图(b)为在 pH=6.0、0.1 mol/L 的 PBS 溶液中,1.0 mmol/L AA、0.05 mmol/L DA 和 0.10 mmol/L UA 与(a)裸的 GC 电极和(b) NG/GC 电极的差分脉冲伏安图。经 Elsevier 版权许可,转载自参考文献[43])

4.2 石墨烯在能源存储及生产领域的应用

若使化石燃料被完全取代,必须极大地提高能源生产及存储技术。为了实现这一目标,我们已取得了一些实质性进展。但由于在世界能源消耗方面,每年的需求量都会增加[51],这成为一个一直变化着的目标。为适应全球能源挑战,关于石墨烯及相关结构的电化学应用方面的纳米技术领域正被广泛研究。在电化学应用方面,石墨烯由于具有高电子导电、大的表面积、电催化活性和低的生产成本而持续获得广泛的关注。接下来我们将探讨石墨烯在能量储存和转换装置中的应用。

4.2.1 石墨烯超级电容器

超级电容器由于在充放电过程中没有化学反应,功率强度比电池高,被广泛应用在消费类电子产品中。能量存储以电化学双层电容(EDLC)为基础,通过固体/液体界面的纳米级的电荷分离而释放能量。储存的能量与双层厚度成反比。与传统的介电电容器相比,这样的电容器有很高的能量密度[51,56]。由于不存在化学反应,电化学双层电容器可快速充放电,这意味着它们可以应用在混合动力汽车(如启动装置)中,也可与燃料电池结合使用(如电动汽车),从而有助于延长燃料电池的使用寿命。在使用石墨烯之前,碳基材料(如活性炭)由于其大的比表面积和低成本被广泛用作超级电容器的电极材料。然而,在这种结构中存在大量的碳原子,电解质离子无法经过,如图4.11所示。因此,这是限制活性炭电极的比电容(即F/g)的一个主要因素。另外,据报道,活性炭低的电导率导致单位面积材料的比电容低,也限制了其在高能量密度的超级电容器的使用。继采用活性炭之后,出现了采用碳纳米管(CNTs)作为大功率电极的研究。这是由于碳纳米管具有较高的电导率,增强的电荷传输通道和大的可及表面积[51,55]。然而,如图4.11所示,单壁碳纳米管通常堆积或丛聚,因此只有最外层部分的碳纳米管可以起到离子吸收的功能,内层的碳原子得不到利用而导致CNT基超级电容器的比电容较低。

表4.2比较了可能范围的碳基电极的主要性能特点。超级电容器的性能主要是基于以下标准评估:①功率密度远大于电池可接受的高能量密度($10\ Wh\cdot kg^{-1}$);②好的循环能力(超过普通电池的100倍);③快速充放电过程(几秒内);④低的自放电;⑤操作安全;⑥低成本。

表4.2所示为石墨烯基超级电容器的可能性能。石墨烯和化学改性

的片状石墨烯具有高的导电性、大的表面积和优异的力学性能,这些性能与碳纳米管相当,甚至更优[51, 55]。而对于储能和产能特别有利的是石墨烯很大的比表面积,据报道为 2 675 m^2/g[56],比通常用于电化学双层电容器的活性炭和碳纳米管都要高,这表明石墨烯是超级电容器的理想材料;此外,石墨烯的单层片状结构不依赖于在固体支撑物中的孔隙分布来提供大的表面积,而是,每个化学改性的石墨烯片可以"移动"来适应不同类型的电解质(这取决于石墨烯的高柔韧性)。因此,电解质可以持续到达石墨烯基材料大的表面,从而保持其网状结构中的高电导率[55]。

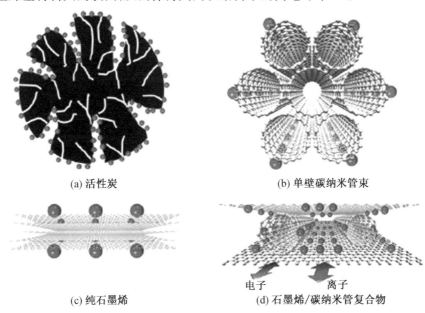

(a) 活性炭　　　　　　　　(b) 单壁碳纳米管束

(c) 纯石墨烯　　　　　　　(d) 石墨烯/碳纳米管复合物

图 4.11　不同碳材料作为超级电容器电极的比较

(活性炭界面积大,然而,许多微孔不能通过电解质离子。SWCNTs 通常形成束,限制了其界面积。只有最外层的表面可以通过电解质离子。干燥过程中,石墨烯纳米片很可能通过范德华作用力而团聚。电解质离子难以进入超小孔洞,尤其是较大的离子(如有机电解质或在高充电速率时)。单壁碳纳米管可以作为石墨烯纳米片之间的隔离,产生快速的电解质离子扩散路径。此外,它们可以提高电子电导率。碳纳米管也作为一种黏合剂,以保持石墨烯纳米片,防止石墨烯结构破坏进入电解质。经英国皇家化学学会版权许可,转载自参考文献[55])

表 4.2 不同超级电容器碳电极材料的比较

碳	比表面积 /($m^2 \cdot g^{-1}$)	密度 /($g \cdot cm^{-3}$)	电导率 /($S \cdot cm^{-1}$)	成本	水电解质 $F \cdot g^{-1}$	水电解质 $F \cdot cm^{-3}$	有机电解质 $F \cdot g^{-1}$	有机电解质 $F \cdot cm^{-3}$
富勒烯	1 100～1 400	1.72	10^{-8}～10^{-14}	中	50～100	<60	<60	<30
碳纳米管	120～500	0.6	10^4～10^5	高	—	—	—	—
石墨烯	2630	>1	10^6	高	100～205	>100～205	80～100	>80～110
石墨	10	2.26	10^4	低	—	—	—	—
无定型碳	1 000～3 500	0.4～0.7	0.1～1	低	<200	<80	<100	<50
模板多孔炭	500～3 000	0.5～1	0.3～10	高	120～350	<200	60～140	<100
功能化多孔炭	300～2 200	0.5～0.9	>300	中	150～300	<180	100～150	<90
活性炭纤维	1 000～3 000	0.3～0.8	5～10	中	120～370	<150	80～120	<120
炭气凝胶	400～1 000	0.5～0.7	1～10	低	100～125	<80	<80	<40

注:经英国皇家化学会版权许可,转载自参考文献[57]

然而,也有来自原始石墨烯超级电容器的问题:在制得石墨烯的干燥过程中,通过高的范德华力,石墨烯会团聚或重新堆叠成石墨。因此,如果片状石墨烯堆叠在一起,离子将难以到达内层以形成双电层。在这种情况下,离子只能堆积在石墨烯片的顶部和底部表面,由于堆叠材料不能得到充分的利用而导致比电容较低,如图4.11(c)所示。但石墨烯仍然是值得期待的,因为如果使用恰当,理论上石墨烯能够产生500 $F·g^{-1}$的比电容(可提供整个2 675 $m^2·g^{-1}$);一些研究者正致力于此,但很少能做到。Cheng等证明了石墨烯/碳纳米管复合是解决上述问题的最好方法[55]。他们制备了一个电极,如图4.11(d)所示,采用高导电衬垫(SWCNTs)来减少电极内部的电阻,通过防止石墨烯微片之间的团聚,提高电解质离子的可及性,以提高动力性[55]。采用这种方法,具有高能量密度的超级电容器已被报道,单电极在水相和有机电解质中的比电容分别为290.6 $F·g^{-1}$和201 $F·g^{-1}$[55]。在有机电解质中能量密度达到62.8 $Wh·kg^{-1}$,功率密度为58.5 $kW·kg^{-1}$。相比于"仅石墨烯"的电极,单壁碳纳米管的加入使能量密度提高了23%,功率密度提高了31%。石墨烯/碳纳米管电极在室温离子液体中具有155.6 $Wh·kg^{-1}$的超高能量密度,另外经过1 000次循环后,比电容增加了29%(表明制备的电容器具有优异的循环能力)。

其他著名的研究[58]也采用了这种方法,如图4.12所示。在20 $mV·s^{-1}$观察到的比电容值为326 $F·g^{-1}$,不加碳纳米管时比电容值为83 $F·g^{-1}$。

此外,据报道,功率密度为70.29 $kW·kg^{-1}$,比其他文献值更好[58],突出了利用这种制备电极的优势。Cheng等[55]也报道了石墨烯和单壁碳纳米管复合材料在水及有机电解质中分别表现出290.6 $F·g^{-1}$和201 $F·g^{-1}$的电容值。图4.13显示了复合材料中单壁碳纳米管作为间隔允许完全访问石墨烯表面的示意图。在有机电解液中能量密度达到62.8 $Wh·kg^{-1}$,功率密度达到58.5 $kW·kg^{-1}$[55]。在这种情况下,相比于石墨烯电极(无碳纳米管电极间隔),单壁碳纳米管的加入使能量密度和功率密度分别提高了23%和31%。石墨烯/碳纳米管电极在离子液体中具有超高的能量密度,达到155.6 $Wh·kg^{-1}$[55]。

其他报道中,易于制造的新型石墨烯超级电容器是一些独立的、无黏结剂的柔性超级电容器,由石墨烯纳米片(GNS)和纤维素纤维(来自滤纸,见下文)组成三维(3D)交织结构,展现出优异的机械韧性和良好的比电

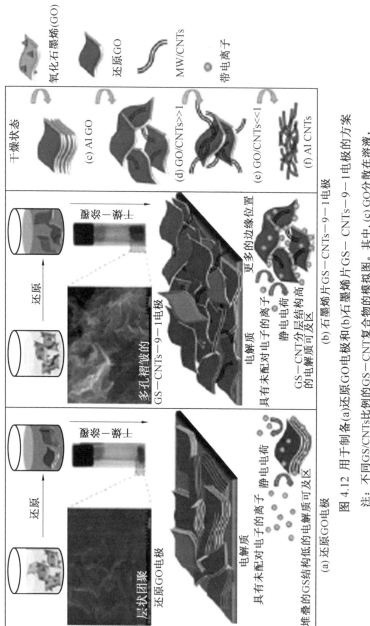

图 4.12 用于制备(a)还原 GO 电极和(b)石墨烯片 GS－CNTs－9－1 电极的方案

注：不同 GS/CNTs 比例的 GS－CNT 复合物的模视图。其中，(c)GO 分散在溶液，还原后形成了 GS 团聚堆叠；(d)GO 和 CNT 共存于溶液中，CNTs 作为纳米间隔来增加还原后 GS 间的层间距；(e)过量的碳纳米管附着在 GS 的表面导致暴露的表面区域变小；(f)碳纳米管分散在溶液中，干燥时碳纳米管出现团聚。GS 为石墨烯片。经英国皇家化学会版权许可，转载自参考文献[58]

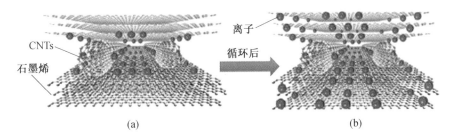

图 4.13　电激活以增加循环后电极表面积的示意图

(图(a)石墨烯片有可能聚集形成几层石墨烯,电解质离子在最初的几次充放电周期不能完全通过。图(b)长时间的循环后,聚集的石墨烯片被插层离子分离,有更大的电解质离子可及表面积,导致循环后比电容增加。经英国皇家化学学会版权许可,转载自参考文献[55])

容[59]。图 4.14 和图 4.15 所示表明,制作方法非常简单,将选好的石墨烯纳米片置于悬浮液中,然后通过滤纸过滤来制备石墨烯-纤维素膜(GCP),如图 4.14 所示。

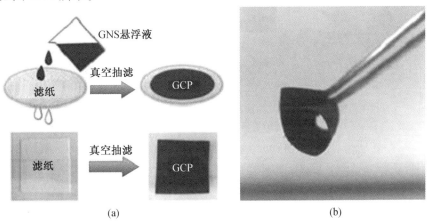

图 4.14　石墨烯和纤维素纤维组成的三维交织结构的制备

(图(a)为石墨烯-纤维素膜(GCP)的制备过程示意图;图(b)展示 GCP 膜灵活性的照片。经 Wiley 版权许可,转载自参考文献 [59])

这些独特的柔性超级电容器具有高的稳定性,物理操作(弯曲)1 000 次后仅失去 6% 的电导率[59]。每个几何区域的电容约为 81 mF·cm^{-2},相当于 120 F·g^{-1},其中超过 5 000 次循环后仍保留 99% 的电容。

正如前面章节所提到的,石墨烯可以通过采用化学、热或电子束还原氧化石墨烯而大量制得[60-63]。据报道,热还原能够产生层状石墨烯结构,与其他途径制得的石墨烯相比,团聚少,有较大的比表面积和较高的电导率[64,65]。目前研究者正致力于在 200~900 ℃ 范围内改变热还原温度,探索其对层间距、氧含量、比表面积和无序度的影响[66]。结果发现,在热还原温度为 200 ℃、充/放电电流密度为 0.4 A·g^{-1} 时,最高电容为 260 F·g^{-1} [66]。有趣的是,这个比电容值与参考文献[55]的报道值类似,采用了单壁碳纳米管间隔,这表明如果参考文献[66]的工作扩展到这个方面,性能会得到更大的改善。

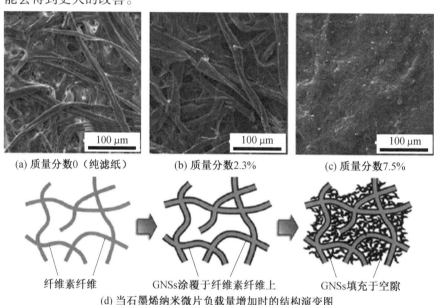

(a) 质量分数0（纯滤纸）　　(b) 质量分数2.3%　　(c) 质量分数7.5%

纤维素纤维　　GNSs涂覆于纤维素纤维上　　GNSs填充于空隙
(d) 当石墨烯纳米微片负载量增加时的结构演变图

图 4.15　不同 GNS 负载量的 GCP 表面或滤纸的 SEM 图
（当石墨烯纳米微片负载量增加时的 GCP 结构演变图。经 Wiley 版权许可,转载自参考文献[59]）

然而,最近一些研究表明,在某些情况下,对于特定的能源应用,热还原的氧化石墨烯并不比无定形碳有利[67]。此外,需要注意的是,该领域内使用的术语不一致。例如,在 Zhao 等人的工作[66]中,GO 的热还原是通过在氮气气氛中以 5 ℃/min 的速度升温实现的(2 h 温度从 200 ℃ 到 900 ℃),而其他工作报道的热剥离是通过空气气氛中在所需温度加热 5 min 实现的[68]。显然这两种方法都会产生完全不同的石墨烯材料术语("还原 GO"或"热还原石墨烯"),而并未真正提醒读者这些制备的差异。

另一类研究是包含各种组件的混合型超级电容器(作为上述详细介绍的碳-碳基复合材料的代替),其中石墨烯可被很好地用作赝电容材料。表 4.3 提供了最近的文献报道。很明显这两种电容方法的协同作用是有

表 4.3 用于超级电容器的一系列石墨烯基材料和其他各种类似材料的比电容和功率输出值

电极材料	性能参数		循环能力	备注	参考文献
	比电容 /(F·g^{-1})	功率 /(kW·kg^{-1})			
CNT/PANI	780	NT	1 000 次循环后电容降低 67%	在 1 mV·s^{-1} 的扫描速率下 CV 测试得到	[70]
GNS	150	NT	在 0.1 A·g^{-1} 的比电流充放电 500 个周期后比电容不变	N/A	[71]
GNS	38.9	2.5	NT	丝网印刷法和超声喷雾热解合成,CV 测试得到,扫描速率为 50 mV·s^{-1}	[72]
GNS-钴(Ⅱ)氢氧化物/纳米复合物	972.5	NT	NT	N/A	[73]
GNS/CNT/PANI	1 035	NT	循环 1 000 个周期后电容仅下降初始值的 6%	CV 测试得到,扫描速率为 1 mV·s^{-1}	[70]
GNS-泡沫镍	164	NT	700 个循环周期后电容维持在最大电容值的 61%	CV 测试得到,扫描速率为 10 mV·s^{-1}	[74]
GNS-SnO$_2$	42.7	3.9	NT	丝网印刷法和超声喷雾热解合成,CV 测试得到,扫描速率为 50 mV·s^{-1}	[72]

续表 4.3

电极材料	性能参数		循环能力	备注	参考文献
	比电容/(F·g^{-1})	功率/(kW·kg^{-1})			
GNS-ZnO	61.7	4.8	NT	丝网印刷法和超声喷雾热解合成,CV 测试得到,扫描速率为 50 mV·s^{-1}	[72]
石墨烯	205	10~28.5	1 200 次循环后保持约 90% 比电容	石墨烯由氧化石墨烯制得	[75]
MWCNT/PANI	463	NT	NT	采用原位聚合合成,数据由 CV 测试得到,扫描速率为 1 mV·s^{-1}	[76]
沉积在 GNS 上的氢氧化物(Ⅱ)纳米晶	1 335	NT	NT	充/放电电流密度为 2.8 A·g^{-1} 条件下得到	[77]
PANI	115	NT	NT	采用原位聚合合成,数据由 CV 测试得到,扫描速率为 1 mV·s^{-1}	[76]
PANI/GOS	531	NT	NT	PANI 与石墨烯质量比为 100∶1 时的纳米复合物,电容由充放电分析得到	[78]
RuO$_2$/GNS	570	10~20.1	1 000 次循环后保持约 97.9% 比电容	N/A	[79]
MnO$_2$/石墨烯	113.5	198		11 000 次循环后仅减少 2.7%	
GO/MnO$_2$	328	25.8			

续表 4.3

电极材料	性能参数		循环能力	备注	参考文献
	比电容 /(F·g^{-1})	功率 /(kW·kg^{-1})			
Ni(OH)/石墨烯	1 335			在 2.8 A·g^{-1} 时充放电	[77]
GS	326.5	78.29		CNTs 用来阻止石墨烯堆叠	[58]
fGO	276	NT			[79]
RuO_2/石墨烯	570	10	1 000 次循环后 97.9%	溶剂热方法	[81]
PSS/PDDA/GS	263	NT	1 000 次循环后 90%		[81]
Fe_3O_4/rGO	480	5 506	—	在放电电流密度为 5 A·g^{-1} 时得到	[82]
MnO_2/石墨烯	113.5	198	1 000 次循环后仅减少 2.7%	—	[83]
rGO/MnO_2	328	25.8	NT	—	[84]
GO/MnO_2	310	NT	—	15 000 次循环后仅减少 4.6%	[85]
TEGO	230	NT	55% 电容保留		[68]
TrGO	260.5	NT	NT	研究热还原温度的影响效应,发现 200 ℃ 最佳	[66]

注:CNT 是碳纳米管;CV 是循环伏安;fGO 是功能化氧化石墨烯;GNS 是石墨烯纳米片;GOS 是氧化石墨烯微片;MWCNT 是多壁碳纳米管;N/A 是不适用;NT 是未测;PANI 是聚苯胺;PDDA 是聚二烯丙基二甲基胺;PSS 是聚苯乙烯磺酸钠;RuO_2 是水合氧化钙;SR 是扫描速率;TEGO 是石墨烯热剥离;TrGO 是热还原的氧化石墨烯

利的,展现出高电容值。值得注意的是,溶液剥离的石墨烯纳米片(5 nm 厚)已涂到三维多孔性支撑结构(用于活性电极材料的高负载和促进电解质到达这些材料的可及性)[69]。图4.16所示描述了简便的制作方法。石墨烯/MnO_2基混合织物展现了高电容性能,比电容高达315 $F \cdot g^{-1}$。能生产出成本低、质量轻、可穿戴式储能的设备是真正令人激动的。

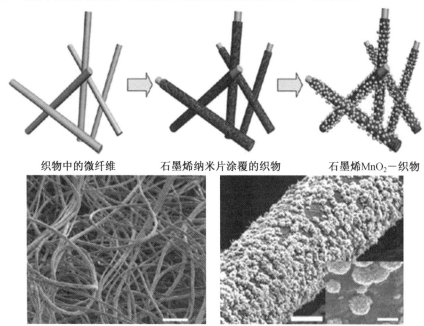

图4.16 用于制备高性能电化学电容器电极石墨烯/MnO_2混合纳米织物的两个关键步骤示意图

(从左至右:织物纤维上溶液剥离的石墨烯纳米片的共形涂层(灰色),控制电沉积在石墨烯包裹的织物纤维上的MnO_2纳米颗粒(黄点)。MnO_2电沉积到石墨烯片涂层的织物60 min后,SEM图显示,MnO_2纳米材料在几乎整个织物表面达到均匀沉积。标尺:200 μm(左)和典型的MnO_2纳米结构涂层的微纤维(右)。(插图)高倍扫描电镜图显示电沉积的MnO_2颗粒的纳米花结构及MnO_2纳米花和底部石墨烯纳米片之间明显的界面。经许可转载自参考文献[69],2011美国化学学会版权所有)

按照三维多孔网络的框架,可允许活性电极材料大量负载,电解质离子易于到达电极,研究人员已经逐步转向制备三维石墨烯泡沫[86]。

图4.17所示描述了一个三维石墨烯泡沫的例子,它是采用镍骨架,通过化学气相沉积将石墨烯沉积到上面的。基础骨架被蚀刻掉,就留下一个

独特的石墨烯结构[87]。研究人员已证明这种独特的石墨烯结构可产生具有优异导电性的、高质量的石墨烯,优于来自于化学衍生的石墨烯片的宏观石墨烯结构[87]。基于由拉曼光谱分析获得的 G 和 2D 频带的强度比例,可得出结论:泡沫壁是由单层或者几层石墨烯片组成的;显然这样的泡沫称为"准石墨烯"更好,正如文献[10]中给出的。需要说明拉曼光谱中不存在与缺陷相关的 D 谱,表明采用化学气相沉积工艺制备的石墨烯片质量高。图 4.17(c)所示为微孔石墨烯泡沫的 SEM 图,可观察到约 200 μm 的平均孔径,而图 4.17(d)显示特氟龙涂层的石墨烯泡沫也具有类似于石墨烯泡沫的孔隙结构(和尺寸)[87]。特氟龙涂层的厚度大约为 200 nm(表面的特氟龙涂层被切割后取横截面进行 SEM 分析所得)[87]。值得注意的是,作者对获得超疏水结构感兴趣;从 3D 石墨烯泡沫观察到的接触角为

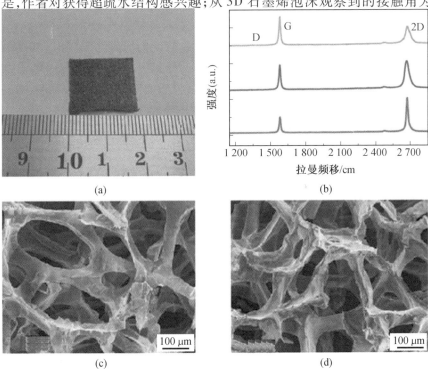

图 4.17 三维石墨烯泡沫

(图(a)为宏观三维石墨烯泡沫网络的照片,泡沫柔韧、易于操作;图(b)为取自几个地方的石墨烯泡沫的拉曼光谱清楚地示出拉曼光谱的 G 带和 2D 带峰;图(c)为微孔石墨烯泡沫的扫描电镜图像;图(d)为特氟龙涂层的石墨烯泡沫表现出相似于石墨烯泡沫的孔隙结构及尺寸。经 Wiley 版权许可,转载自参考文献[87])

129.95°，经特氟龙处理后增加到 150.21°，大于 150°的材料称为超疏水材料。

在储能这种具体的情况下，这些独特的三维准石墨烯泡沫已被广泛研究。图 4.18 所示为一个三维石墨烯结构，由 CO_3O_4 改性，在 10 $A·g^{-1}$ 的电流密度下比电容为 1 100 $F·g^{-1}$ [88]；三维结构可以很容易地被其他金属改性，这种方法预计将很容易被研究者采纳。例如，如图 4.19 所示，通过水热条件下 ZnO 纳米棒的原位沉淀，3D 准石墨烯泡沫由 ZnO 修饰改性[89]。据报道，与未经修饰改性的石墨烯相比，石墨烯/ZnO 复合后显示出更优异的电容性能，具有很高的比电容值（约 400 $F·g^{-1}$）和极好的循环寿命；这使得这种独特的材料适合于高性能储能应用。

显然石墨烯有利于应用到超级电容器上，石墨烯的引入使得超级电容器表现出优异的比电容和功率密度。其他有趣的研究着重于石墨烯本身，即氮掺杂石墨烯（通过等离子体处理）[90]。掺杂的石墨烯表现出 280 $F·g^{-1}$ 的比电容，比未掺杂的纯石墨烯高 4 倍；据报道，氮掺杂改变了电子结构，提高了设备的性能[90]。由于材料科学家致力于设计和制备新型的石墨烯结构，超级电容器的性能显然很可能出现大的提高。

4.2.2 石墨烯基电池/锂离子存储

锂离子充电电池是一种更进一步的能源储存装置，其中，石墨烯由于其报道的优异性能已被采用。锂离子充电电池在便携式电子产品中有广泛的应用，并且它们可以在很长时间内储存和提供电能，因而具有很强的吸引力。尽管电池的每个组件对其性能来说都是必不可少的，但制造锂离子电池时所用的电极材料（即正极/负极）对最终性能起到了主导作用[54, 91]。通常，锂离子设备是由正极、电解质和负极组成，如图 4.20 所示。在充电时，锂离子从正极材料中脱嵌，并通过电解质，嵌入负极材料；反之为放电过程[51, 92]。因此，电池的输出性能是与正极和负极侧锂离子脱嵌/嵌入过程及效率相关的，用于两电极的材料对电池的性能起关键作用[54]。

由于石墨具有高的库仑效率（脱出 Li 与插入 Li 的比率），成为目前锂电池最常用的负极材料[54]，它可以在合理比电容的插层电位下可逆地充放电[93]。石墨电池的理论电容量较低（372 $mA·h·g^{-1}$）及锂离子在其中的长程扩散[51, 54]，研究人员正在致力于电池性能的改进，希望提高其相对较低的理论电容量。

实验发现，石墨烯具有比其他电极材料（包括石墨）更高的比电容，已

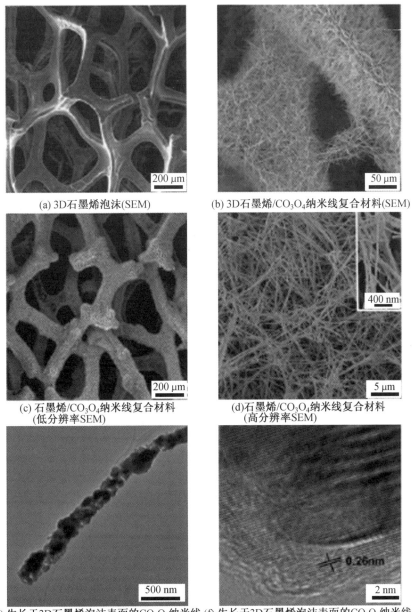

(a) 3D石墨烯泡沫(SEM)
(b) 3D石墨烯/CO_3O_4纳米线复合材料(SEM)
(c) 石墨烯/CO_3O_4纳米线复合材料(低分辨率SEM)
(d) 石墨烯/CO_3O_4纳米线复合材料(高分辨率SEM)
(e) 生长于3D石墨烯泡沫表面的CO_3O_4纳米线(低分辨率TEM)
(f) 生长于3D石墨烯泡沫表面的CO_3O_4纳米线(高分辨率TEM)

图 4.18 CO_3O_4 改性的石墨烯结构

（经许可转载自参考文献[88]，2012 美国化学学会版权所有）

图 4.19 ZnO 改性的石墨烯与未改性的石墨烯结构对比图
(图(a)为3D 石墨烯泡沫的 SEM 图;图(b)~(d)分别为不同放大倍数的石墨烯/ZnO 复合物的 SEM 图;图(d)中插图为高分辨率下单根 ZnO 纳米棒的形貌。经英国皇家化学学会许可,转载自参考文献[89])

经显示出作为新一代锂离子电池候选材料(负极材料)的优异性能;此外还出现了许多理论文献,来支持这种现象[93-96]。有人认为石墨烯的二维边缘平面将有助于锂离子吸附和扩散,从而减少充电时间和增加功率输出。表4.4 列出了文献中报道的各种石墨烯基的锂电池电极材料,并与其他电极材料(即石墨和碳纳米管)进行了比较。根据本书 4.2.1 节报道,石墨烯的团聚限制了它在电容器装置的应用,这同样也限制了它在锂离子储能装置中的应用,是一个需要克服的问题。同样,采用的解决方案(关于所有的碳基复合电极的制备)是使用碳纳米管作为石墨烯层之间的间隔物。例如研究表明,采用 GNS 电极,比电容为 540 mA·h·g^{-1}(比石墨更大的值,见上文),将碳纳米管或 C_{60} 分子掺入 GNS 复合结构后比电容分别增加至 730

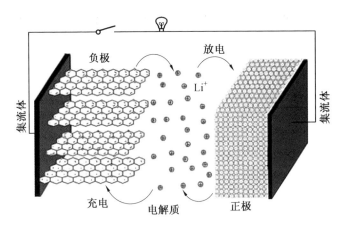

图4.20 由正极、负极、电解质组成的可充电锂电池示意图
(经英国皇家学会版权许可,转载自参考文献[54])

或784 mA·h·g^{-1} [97]。同样很明显,在这种复合材料中石墨烯表面可及性的提高导致与锂离子嵌入相关的电容能力增强,此外,石墨烯复合结构中锂离子可以驻留的纳米孔也有助于锂离子电池的高速率放电[101]。例如,Kung 等的工作致力于克服堆叠的石墨烯层的低通过量(通常是只有一小部分的体积)引起的性能受限,制备出多孔石墨烯纸(通过简便的显微技术,即通过机械空化化学氧化法控制生成的面内孔),其具有丰富的离子结合位点,表现出增强的离子扩散动力学及优良的高速锂离子存储能力[102]。然而,值得注意的是,评价电池的性能时,电容不是唯一的问题,放电速率和循环能力也需要考虑。白等[103]完成了其他一些著名的工作,探索了优质石墨烯片的发展。这种石墨烯片是通过充分氧化,随后快速热膨胀,并在 H_2 下还原制得的。研究小组认为,石墨烯层数可以通过调整 GOs 的氧化程度控制,较高的氧化程度导致较少的石墨烯层。石墨烯层数可以通过多种技术确定,包括热重分析、扫描电镜、原子力显微镜、透射电镜和傅里叶变换红外光谱(FTIR)。通过实验分析,发现单层、三层和五层的石墨烯片,作为负极材料具有较高的可逆容量,分别为 1 175 mA·h·g^{-1}、1 007 mA·h·g^{-1} 和 842 mA·h·g^{-1}。这个结果强烈表明较高的可逆容量是由较少层数的石墨烯片提供的。此外,它所提供的循环能力也非常令人鼓舞,对于单层、三层、五层的石墨烯片,在 20 次循环后石墨烯负极的比电容值仍分别保持为 8 mA·h·g^{-1}、46 mA·h·g^{-1}、730 mA·h·g^{-1} 和 628 mA·h·g^{-1},即约保持了可逆容量的 70%[103]。显然这样的结果可以作为进一步研究不同层数的石墨烯应用的基础[103]。

表4.4 锂电池电极材料用的石墨烯基材料和其他对比材料的比电容和循环稳定性

化合物	比电容/(mA·h·g^{-1})	循环稳定性	备注	参考文献
GNS	540	300(50mA·g^{-1},30次循环后)	N/A	[93,97]
GNS	1 264	848(100mA·g^{-1},40次循环后)	GNSs在纽扣电池中金属锂作正极	[95]
GNS	1 233	502(0.2 mA·cm^{-2},30次循环)	GNSs由人工石墨通过氧化、快速膨胀和超声处理制得	[65]
GNS/Fe$_3$O$_4$	1 026	580(700 mA·g^{-1},100次循环后)	N/A	[91]
GNS/SnO$_2$	860	570(50 mA·g^{-1},30次循环后)	GNSs通过大量的空隙组成的多孔结构均匀分布在松散堆积的SnO$_2$纳米颗粒之间	[93]
GNS/SnO$_2$	840	90(400 mA·g^{-1},50次循环后)	SnO$_2$/石墨烯的最优比例是3.2:1	[98]
GNS/C$_{60}$	784	NT	N/A	[97]
GNS/CNT	730	NT	N/A	[97]
石墨	372	240(50 mA·g^{-1},30次循环后)	N/A	[93,97]
Mn$_3$O$_4$/RGO	约900	730(400 mA·g^{-1},40次循环后)	N/A	[99]
Ox-GNSs	约1 400	循环稳定性在800范围内	开始的循环周期中每循环一次损失容量的3%,之后的循环中损失降低	[100]

注：C$_{60}$是碳60；CNT是碳纳米管；GNS是石墨烯纳米片；N/A是不适用；NT是未测；Ox是氧化剂；RGO是还原GO

就功能化石墨烯在锂离子电池的应用而言,Bhardwaj 和同事[100]报道了含碳的一维 GNSs 的锂离子电化学脱嵌能力(通过断开多壁碳纳米管的键获得)。作者表明,在能量密度方面,氧化的 GNSs(Ox-GNSs)优于未修饰的 GNSs 和原来的多壁碳纳米管,首次充电容量为 1 400 mA·h·g^{-1}(Ox-GNSs);库仑效率在首次循环后较低,随后的循环达到 53% 和 95%,明显优于碳纳米管和 GNSs,与石墨相当[100]。Ox-GNSs 循环容量在 800 mA·h·g^{-1} 范围内,早期每次循环容量损失为 3%(这个值在随后的循环中降低)[100]。需注意,循环能力是每次充/放电循环的容量损失,是评价电池性能随时间变化的一个有用参数。这里,多壁碳纳米管和 GNSs 优于 Ox-GNSs,容量损失分别为 1.4% 和 2.6%。然而,由于 Ox-GNSs 材料具有较高的初始电容,优异的循环能力(后续的循环后电容值稳定),尽管循环性能仍有待改进,其性能仍被认为是优异的[100]。

除了上述详述的碳/石墨烯材料,混杂的石墨烯复合材料也已经得到了广泛的研究。Paek 等人[93]的一项研究证明,相比于 SnO$_2$、石墨烯及石墨电极,石墨烯/SnO$_2$ 基纳米多孔电极具有更高的可逆容量,除此之外,石墨烯/SnO$_2$ 电极的循环性能也得到提升[93]。值得注意的是,这里作者充分利用了对照实验(然而,需要采取额外的措施,即采用石墨来制备复合材料以确保实际观察到的性能提高是源于石墨烯的掺入)。已证实,石墨烯/SnO$_2$ 基纳米多孔电极具有 810 mA·h·g^{-1} 的可逆电容量[93]。此外,相比于纯 SnO$_2$ 纳米颗粒,其循环性能有较大幅度的提高。在 30 次循环后,石墨烯/SnO$_2$ 基电极的充电容量保持在 570 mA·h·g^{-1}(保留 70%),而纯 SnO$_2$ 纳米颗粒首次充电容量为 550 mA·h·g^{-1},在 50 mA·g^{-1} 的电流密度下循环 15 次后迅速下降至 60 mA·h·g^{-1}。Paek 等[93]也报道了石墨修饰的纳米颗粒优异的循环性能,初始电容为 500 mA·h·g^{-1},在循环过程中略有下降,纯的石墨烯电极仅略高于这个水平。图 4.21 为上述复合材料的电容和循环能力及制备石墨烯杂化材料[93]的示意图。

另一金属氧化物基的石墨烯混杂材料(包括 Mn$_3$O$_4$–石墨烯复合材料)已被证明是有益的,是可适用于锂离子电池的高容量的负极材料[99]。采用两步液相反应在还原的氧化石墨烯(rGO)片上形成 Mn$_3$O$_4$ 纳米颗粒,一报道显示,Mn$_3$O$_4$–石墨烯负极具有较高的比容量,约为 900 mA·h·g^{-1},接近 Mn$_3$O$_4$ 的理论容量(936 mA·h·g^{-1}),具有良好的倍率性能和循环稳定性(在 400 mA·g^{-1} 循环 40 次后容量约为 730 mA·h·g^{-1})[99]。石墨烯和 Mn$_3$O$_4$ 纳米粒子之间紧密的相互作用产生了有利的影响。值得注

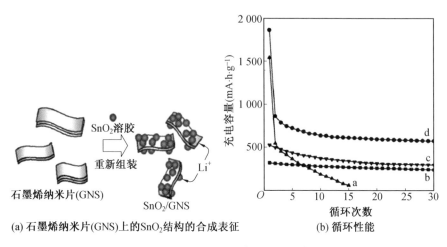

(a) 石墨烯纳米片(GNS)上的SnO_2结构的合成表征　　(b) 循环性能

图 4.21　石墨烯/SnO_2 基纳米复合材料的制备及循环性能
(经 2009 美国化学学会版权许可,转载自参考文献[93])
a—SnO_2 纳米颗粒;b—石墨;c—GNS;d—SnO_2/GNS

意的是,即使在 1 600 mA·g^{-1} 的高电流密度下,发现比电容仍为 390 mA·h·g^{-1},远高于石墨的理论容量(见前文)。作者利用同样过程合成的(在没有石墨烯的情况下)Mn_3O_4 纳米颗粒进行了对照实验,其性能更差;在 40 mA·g^{-1} 的低电流密度时,Mn_3O_4 纳米粒子具有低于 300 mA·h·g^{-1} 的容量,仅 10 次循环后进一步降低到 115 mA·h·g^{-1}。

以金属氧化物基混杂材料为研究主题的同时,也要注意到 Fe_3O_4 由于具有高容量、低成本、环保和自然界储量丰富的优点,已成为潜在的负极材料[91]。然而,由于在循环过程中容量迅速衰减的问题,科学家们已将注意力集中于制得混杂材料方面[91]。为了克服以上问题,已经制备出一种组织良好、柔性高的、交错的 Fe_3O_4 修饰的 GNSs 复合物(通过将铁的氢氧化物在 GNSs 间原位还原);在 GNSs 交错的网络中产生了电子迁移路径,如图 4.22 所示。据报道,GNS/Fe_3O_4 复合物的可逆比容量在循环 30 次后接近 1 026 mA·h·g^{-1}(35 mA·g^{-1}),在循环 100 次后(700 mA·g^{-1})为 580 mA·h·g^{-1},具有提高的循环稳定性和优异的倍率性能[91]。相比之下,纯的 Fe_2O_3 与市售的 Fe_3O_4 颗粒在 35 mA·g^{-1} 循环 30 次后的容量分别从 770 mA·h·g^{-1} 和 760 mA·h·g^{-1} 降到 475 mA·h·g^{-1} 和 359 mA·h·g^{-1},表现出较差的循环能力(循环能力如图 4.22 所示)[91]。据报道,GNS/Fe_3O_4 复合物的多功能特点如下:① GNSs 对包裹 Fe_3O_4 微粒起"灵活的控制"作用,可以补偿 Fe_3O_4 的体积变化和防止 Fe_3O_4 脱离及团

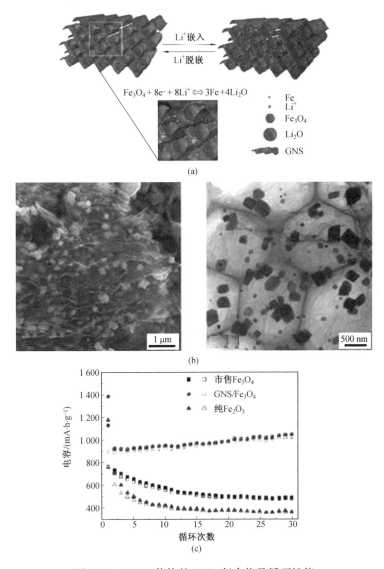

图 4.22 Fe_3O_4 修饰的 GNSs 复合物及循环性能

(图(a)为一个包含石墨烯纳米片(GNS)和 Fe_3O_4 颗粒的柔韧性的交错结构示意图;图(b)为 GNS/Fe_3O_4 复合物截面的 SEM 和 TEM 图;图(c)为市售 Fe_3O_4 颗粒、GNS/Fe_3O_4 复合物和纯的 Fe_2O_3 颗粒在电流密度为 35 mA·g^{-1}时的循环性能。实心符号表示放电;空心符号表示充电。经许可转载自参考文献[91],2010 美国化学学会版权所有)

聚,从而延长电极的循环寿命;② GNSs 为各自分散的、黏的 Fe_3O_4 粒子提供一个大的接触表面,作为优良的导电剂提供电子运输的路径,提高通行能力;③ Fe_3O_4 粒子将 GNSs 分离和防止其堆叠,从而提高电解质在电活性物质表面的吸附和浸渍;④由横向 GNSs 和 Fe_3O_4 颗粒形成的孔隙有利于离子运输[91]。因此,这种独特的、横向控制的 GNS/Fe_3O_4 复合物可以大大提高 Fe_3O_4 作为锂离子电池负极材料的循环稳定性和倍率性能[91]。

石墨烯基复合材料的制备显然克服了锂离子电池中石墨烯使用的问题,从而使得锂离子插入的能力大大提高,并在大多数情况下保持良好的循环性能[51]。另外,为了解决上述问题,可以采用其他独特的石墨烯衍生物来改变石墨烯的性质;如掺杂的石墨烯结构(如氮掺杂),钾和硼掺杂的石墨烯,这些已经很好地应用在能源技术方面。在一项研究中,Wu 等人[104]证明,氮或硼掺杂的石墨烯(分别为 N 和 B 掺杂)可以作为在高速充放电情况下大功率、高能量的锂离子电池的很有前景的负极材料。据报道,掺杂的石墨烯在 50 $mA \cdot g^{-1}$ 的低速下具有高的可逆容量,超过 1 040 $mA \cdot h \cdot g^{-1}$。严格地说,已发现该体系的快速充/放电时间为 1 h 到几十秒钟,具有高的倍率性能和良好的长期循环能力。例如,氮掺杂和硼掺杂的石墨烯(在 25 $A \cdot g^{-1}$ 时)具有非常高的容量,分别为 199 $mA \cdot h \cdot g^{-1}$ 和 235 $mA \cdot h \cdot g^{-1}$;只需 30 s 即可充电完全[104]。有人认为,掺杂石墨烯的独特二维结构、无序的表面形貌、杂原子的缺陷、提高电极/电解液的润湿性、增加的层间距、提高的电导率及热稳定性,都有益于快速表面锂离子吸附和超快的锂离子扩散及电子传输,从而使掺杂材料优于那些化学衍生的石墨烯及其他碳质材料[104]。

很明显,目前利用石墨烯作为锂离子存储设备的研究表明,它比石墨电极有利,用于锂离子电池时具有改善的循环性能和更高的电容量,特别是作为杂化或复合材料和改性的石墨烯结构时。

4.2.3 能源生成

对比以上小节所讨论的储能,已有报道石墨烯可很好地用于能源生产,如用于燃料电池。燃料电池有许多类型,但其工作方式相同,可将燃料中的化学能转化为电能,通常由相同的组件(阳极、阴极和电解质)组成[51]。燃料电池主要根据所使用的电解质类型分类。然而,谈到应用石墨烯来提高具体燃料电池的性能,需明确适用于燃料电池中催化剂的主要要求:高表面积,可获得高的金属分散;适宜的孔隙率以提高气体与电极的可及性;高的电导率;广泛适用的电催化活性;燃料电池操作条件下的长期稳定性;低的生产成本[105]。表4.5为引入石墨烯基材料所制备的各种燃料电池装置做了简单概述。在质子交换膜燃料电池(PEMFC)中,铂(Pt)基电催化剂仍被广泛用作阳极侧氢氧根离子氧化和阴极侧氧还原的电催化剂。Jafri等人的工作[108]采用了GNSs和氮掺杂的GNSs作为PEMFC中Pt纳米粒子对ORR的催化剂载体,对于N-GNS-Pt和GNS-Pt,燃料电池的功率密度分别为440 mW·cm^{-2}和390 mW·cm^{-2}[108]。很明显,氮掺杂器件表现出增强的性能,这是由于氮掺杂产生了吡咯类缺陷,其可作为Pt纳米颗粒的沉积靶位;也可能是由于增加的电导率和(或)改善的碳催化剂结合性[108]。然而,相反,Zhang等人的早期工作[110]表明,廉价的亚微米级石墨颗粒(GSP)可作为聚合物电解质膜(PEM)燃料电池的可能载体,他们采用了乙二醇还原法将Pt纳米粒子沉积在GSP(除了炭黑和碳纳米管的替代品)上。结果表明,Pt/GSP对ORR具有最高的催化活性,耐久性研究表明:Pt/GSP比碳纳米管和炭黑耐久2~3倍[110]。然而,显然这项工作中石墨烯替代物也应该被纳入到对照实验中。值得注意的是,其他研究已经发现,氮掺杂的石墨烯可作为非金属电极,具有大大增强的电催化活性和长期操作的稳定性,另外在碱性溶液中经四电子路径对于ORR的抗交叉效应比铂更强,且产物为水[111]。

表4.5 采用石墨烯基材料和各种其他类似材料作为燃料电池中电极材料时功率和电流密度的概述

电极复合	燃料/氧化剂	最大功率时的电流/功率密度	功率密度随时间的变化	备注	参考文献
Au/GNS/GOx	葡萄糖	(156.6 ± 25) μA·cm^{-2}	(24.3 ± 4) μWat 0.38 V (负载15 kΩ)	每天测,加15 kΩ外部负载后测试。功率输出:24 h后损失6.2%,7天后损失50%	[106]

续表 4.5

电极复合	燃料/氧化剂	最大功率时的电流/功率密度	功率密度随时间的变化	备注	参考文献
Au/SWCNT/GOx	葡萄糖	(86.8 ± 13) $\mu A \cdot cm^{-2}$	$(7.8 \pm 1.1)\mu W$ 时 0.25 V（负载 15 kΩ）	N/A	[106]
GMS-大肠杆菌	葡萄糖	142 mW·m^{-2}	NT	N/A	[107]
GNS-Pt	H_2/O_2	390 mW·m^{-2}	NT	PEMFC	[108]
GO-Pt	H_2/O_2	161 mW·m^{-2}	NT	N/A	[109]
N 掺杂的 GNS-Pt	H_2/O_2	440 mW·m^{-2}	NT	PEMFC	[108]
Pt	H_2/O_2	96 mW·m^{-2}	NT	N/A	[109]
SSM 大肠杆菌	葡萄糖	2 668 mW·m^{-2}	NT	N/A	[107]

注：Au 是金；GMS 是石墨烯改性的"SSM"；GNS 是石墨烯纳米片；GO 是石墨烯氧化物；GO$_x$ 是葡萄糖氧化酶；N/A 是不适用；NT 是未测；PEMFC 是质子交换膜燃料电池；Pt 是铂；SSM 是不锈钢网；SWCNT 是单壁碳纳米管

最近，由于高能量密度、低污染、易于处理（液体"燃料"）和较低的工作温度（60～100 ℃），直接甲醇燃料电池已经得到越来越多的关注。然而，目前电极材料对甲醇氧化电催化活性较低，阻碍了其开发[112]。据报道，应用于燃料电池时，石墨烯提高了催化剂的电催化活性。特别是 Xin 等人[112]的研究表明，相比于炭黑负载的 Pt，铂/GNS（Pt/GNS）催化剂的应用表现出对甲醇氧化和 ORR 高的催化活性。通过用 NaBH$_4$ 同步还原 H$_2$PtCl$_6$ 和 GO，将铂纳米颗粒沉积在 GNS 上，研究结果表明，对甲醇的电化学氧化，Pt/GNS 催化剂的电流密度（182.6 mA·mg^{-1}）优于铂/炭黑（77.9 mA·mg^{-1}）。然而，值得注意的是，Pt/GNS 催化剂预热处理提高了性能，超过原先文献报道的铂/炭黑响应的 3.5 倍[112,113]。此外，Dong 等人研究[114]表明，相比在石墨表面，在 GNSs 上的 Pt 和 Pt-Ru 纳米粒子表现出对甲醇和乙醇高的电催化活性，从而大大降低了过电位，增加了可逆性，因此这些结果表明石墨片可用于直接甲醇和乙醇燃料电池的催化剂载体[114]。

一项非常有趣的工作(在燃料电池中对甲醇氧化的研究)调查了载体材料的结构、组成和形貌,并发现这些因素对 Pt 基催化剂的催化特性有明显影响[115]。探究石墨烯不同碳载体的影响(通过 GO 的化学还原产生)、单壁碳纳米管和导电炭黑(Vulcan XC-72)对纳米催化剂电催化特性的影响是显而易见的如图 4.23 所示,研究结果表明,在三种测试的碳材料中,石墨烯负载的 Pt-Ni 催化剂具有最高的电催化活性。石墨烯这种高的响应是由于在石墨烯表面存在含氧基团,可以去除有毒的中间体,提高催化剂的电催化活性[115]。有关石墨烯结构影响的进一步研究表明,一个垂直对齐的、几层石墨烯电极(有 Pt 纳米粒子沉积)相比于市场的替代品,表现出高的抗一氧化碳中毒性和随之而来的性能恶化[116]。

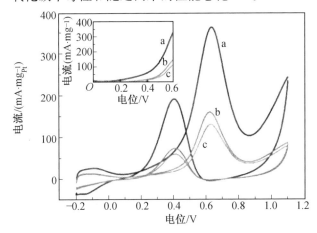

图 4.23 在 0.5 mol/L H_2SO_4 水溶液中氧化 0.5 mol/L 甲醇的伏安响应

(Pt-Ni 为催化剂,Pt 与 Ni 摩尔比为 1∶1,载体分别为石墨烯(a)、SWCNTs(b)和 XC-72 碳(c),扫描速率为 50 mV·s^{-1}。插图对比了 Pt-Ni 为催化剂、Pt/Ni 摩尔比为 1∶1,甲醇氧化的起始电位。经 Elsevier 许可,转载自参考文献[115])

如上所述,为寻求解决燃料电池问题的高能"绿色"途径,GNSs 可作为高负载金属催化剂的好的候选载体;我们预计基本过程是金属负载在石墨烯上,这在目前还不完全清楚。

其他一些有用的发电设备(如石墨烯衍生的微生物燃料电池(MFC))目前还未被广泛报道。它为获得清洁、可持续的能源提供了另一种可能[117]。像生物反应器一样,MFC 利用微生物的代谢活动(细菌)分解有机物质而发电,如利用废弃产品来高效发电,以满足日益增长的需求[117]。然而,传统 MFC 的实际应用是有限的,这是由于细菌和电极之间的电子转移缓慢,功率密度相对较低,能量转换效率差[118]。

科学家们正努力致力于提高细菌/电极界面的电子转移速率。例如 Zhang 等人[107]已经证明利用石墨烯改性的阳极材料,基于大肠杆菌的 MFC 的性能可以大大提高(针对葡萄糖)。作者采用还原的氧化石墨烯将不锈钢网(SSM)进行改性,并与 SSM 和采用聚四氟乙烯(PTFE)改性的 SSM(PMS)的性能进行了对比。其中,石墨烯改性的 SSM(GMS)表现出增强的电化学性能,另外一配备 GMS 阳极的 MFC 的最大功率密度为 2 668 mW·m^{-2}(这比采用 SSM(142 mW·m^{-2})时高 18 倍,比采用 PMS 阳极(159 mW·m^{-2})时高 17 倍)[107]。GMS 阳极性能的提高是由于石墨烯的高比表面和粗糙或柔韧的纹理(相对于 SSM 和 PMS 的相对光滑的表面)促进细菌黏附在阳极表面,从而对提高电子转移和输出功率起到了关键作用[107]。

其他工作中,Liu 等人通过研究表明将石墨烯电化学沉积到碳纤维布上来制备铜绿假单胞菌无介体 MFC 阳极,电池的功率密度和能量转换效率都将得到提高(相比单一材料,分别高出 2.7 倍和 3 倍)[118]。制备电极及电池输出性能的对比如图 4.24 所示。这些响应的提高是由于石墨烯的高生物相容性可促进细菌生长在电极表面,从而产生更多的直接电子转移活化中心,在这种情况下,刺激介导分子排泄以实现高的电子转移率[118]。为了进一步促进微生物燃料电池中的细胞外电子转移,Yuan 等人[119]利用一锅煮合成法制备微生物还原的石墨烯支架。作者向 MFC 中添加 GO 和醋酸,GO 被微生物还原,在阳极表面上产生细菌/石墨烯的网络结构[119]。电化学测试表明,由于石墨烯支架的存在,参与到固体电极的细胞外电子转移(EET)的产电菌数增加,EET 促进了电子转移动力学[119]。因此,MFC 的最大功率密度提高了 32%(从 1 440 mW·m^{-2} 到 1905 mW·m^{-2}),库仑效率提高了 80 %(从 30% 到 54%)。这项工作表明,细菌/石墨烯网络结构的构建是一种提高 MFC 性能的有效方法。

从上述研究很明显看出,细菌和阳极间的低效率往往限制了微生物燃料电池的实际应用,另一个关键的挑战是克服低的细菌承载能力。值得注意的是,石墨烯是疏水的,为了尽量提高细菌黏附和加快生物膜的形成,已尝试在石墨烯表面采用亲水导电聚合物(如采用聚苯胺(PANI))修饰[120]。

最后,酶生物燃料电池(EBFCs)可潜在地应用于植入式医疗设备,如

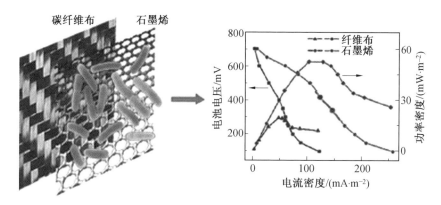

图4.24 制备电极及电池输出性能的对比

(左图为一种用于 MFC 中,由电化学沉积到碳纤维布的石墨烯片上生长的细菌组成的制备阳极的示意图,右图为未改性的碳纤维布与石墨烯改性的碳纤维布的输出性能。经 Elsevie 版权许可,转载自参考文献[118])

心脏起搏器的"体内"电源[106]。EBFC 的最显著特征是,它们可以利用人体内丰富的葡萄糖或其他碳水化合物作为燃料。然而,EBFCs 还存在一些亟待解决的问题,包括功率密度低和稳定性差。目前 EBFCs 中采用石墨烯的报道还很少。但这方面的研究工作已经展开。Liu 等人[106]研究了 GNSs 在无膜 EBFCs 中的使用。作者用石墨烯制备了生物燃料电池的阳极和阴极。生物燃料电池的阳极由金电极组成,其中作者用硅溶胶-凝胶基质来固定化葡萄糖氧化酶(GO_x)和石墨烯,阴极除了采用胆红素氧化酶(BOD)作为阴极酶[106]外,也采用同样的构造。伏安法测量被用来定量评价采用 GNS 作为电极掺杂剂的适宜性和输出功率,其性能与类似的采用单壁碳纳米管构建的 EBFC 系统进行了对比。石墨烯基的生物燃料电池在 0.38 V(负载 15 kΩ)时的功率密度为(24.3±4)μW,这比单壁碳纳米管基 EBFC 高近两倍(在 0.25 V(负载 15 kΩ)时为(7.8±1.1)μW),石墨烯基 EBFC 的最大电流密度为(156.6±25)μA·cm^{-2},而单壁碳纳米管基的 EBFC 是(86.8±13)μA·cm^{-2}。为了评估石墨烯基 EBFC 的稳定性,体系储存在 4 ℃、pH 为 7.4 的磷酸盐缓冲溶液中,每天用 15 kΩ 外部负载进行测试,在最初的 24 h 后它已损失了其原有输出功率的 6.2%。之后,输出功率衰减缓慢,7 天后成为原来的输出功率的 50%;这基本上比其他 EBFC 设备更长,优于单壁碳纳米管基 EBFC[106]。作者指出,增强的性能是基于石墨烯相比于单壁碳纳米管更大的表面积,此外,与此领域内的其他材料相比,石墨烯具有更大的 SP2 特性(有利于电子运动,使 EBFC 具有更好的性能)、大量的位错和电活性功能基团。Devadas和其同事采用电化学还原的GO-MWCNT(ERGO-MWCNT)改性的GC电极为阳极、石墨烯-铂复合物改性的GC电极作为阴极,构建了葡萄糖/O_2 EBFC[121]。该装置实现了最大功率密度为46 $\mu W \cdot cm^{-2}$,虽然这低于上述工作得到的值,却与另一种石墨烯基的葡萄糖/O_2 EBFC的值(57.8 $\mu W \cdot cm^{-2}$)相似[122]。虽然这是一个相对较新的石墨烯研究领域,上述报道表明,石墨烯复合材料可潜在用于发展未来高效的EBFCs。我们预计,这一领域会逐步得到扩展。

4.3 有关石墨烯的思考

在本章中我们批判地总结了有关石墨烯基材料在众多电化学应用领域的文献。目的是针对石墨烯研究的核心实验问题提供有用的见解。因此,我们强调了可从中汲取教训和获得相应知识(和工具)的关键工作,以便于此书的读者都能够执行自己的"深入"实验,同时有助于不断拓宽石墨烯知识面。对于初做实验者的各种"关键"实验技巧列在附录C中。

就文献报道的石墨烯和石墨烯器件有益的应用而言,读者可自己判断石墨烯在这些领域是否具有革命性的意义。然而,一种观点明确地认为:尽管石墨烯由于表面缺陷比例低而具有许多优异的性能,石墨烯基设备的纳米工程往往需要引入结构层、缺陷或异质/复合材料,使所需的功能和电子结构产生有用的电化学活性。随着制备或改性石墨烯的新路线及实验者获得的石墨烯基结构阵列的不断发展,在电化学方面,下一代石墨烯基器件也将不断涌现出来。

1991年12月10号的报道指出英国对有关足球烯(C_{60})的未来展开了辩论,此辩论是由黑尔的埃罗尔勋爵发起的,他问女王陛下和政府:"他们正在采取什么措施来鼓励富勒烯应用在科学和工业中?"辩论持续了一段时间,困惑不断增加,直到男爵夫人西雅感到义不容辞,茫然地问"谁能说出这东西是动物、蔬菜还是矿物吗?"雷勋爵提供了一个有说服力的解释,描述了其具有足球一样的形状、分子的组成如化学家所熟知的C_{60}一样。然而,针对他的回答,埃罗尔勋爵提出了疑惑:"它是橄榄球还是足球的形状啊?"于是辩论持续,直到最后,阿洛韦的坎贝尔勋爵试探着问了非常重要的问题:"它有什么用途?"对此,雷勋爵回答道:"它也许有几个可能的用途,在电池、润滑油或半导体方面。所有这些都是推测,它也可能一点用也没有。"当时,罗素伯爵最后说了一句话:"可以说它没有特殊的用途而它很好吗?"

本章参考文献

[1] HELLER A, FELDMAN B. Electrochemical glucose sensors and their applications in diabetes management[J]. Chemical Reviews, 2008,108(7): 2482-2505.

[2] METTERS J P, KADARA R O, BANKS C E. New directions in screen printed electroanalytical sensors: an overview of recent developments [J]. Analyst, 2011,136 (6):1067-1076.

[3] WANG Y, LI Y, TANG L, et al. Application of graphene-modified electrode for selective detection of dopamine[J]. Electrochemistry Communications, 2009,11 (4):889-892.

[4] LIN W J, LIAO C S, JHANG J H, et al. Graphene modified basal and edge plane pyrolytic graphite electrodes for electrocatalytic oxidation of hydrogen peroxide and β-nicotinamide adenine dinucleotide [J]. Electrochemistry Communications, 2009, 11 (11):2153-2156.

[5] BANKS C E, COMPTON R G. Exploring the electrocatalytic sites of carbon nanotubes for NADH detection: an edge plane pyrolytic graphite electrode study [J]. Analyst, 2005,130 (9):1232-1239.

[6] KANG X, WANG J, WU H, et al. A graphene-based electrochemical sensor for sensitive detection of paracetamol[J]. Talanta, 2010, 81 (3): 754-759.

[7] WANG Y, ZHANG D, WU J. Electrocatalytic oxidation of kojic acid at a reduced graphene sheet modified glassy carbon electrode [J]. Journal of Electroanalytical Chemistry, 2012,664 (664):111-116.

[8] BROWNSON D A C, BANKS C E. Graphene electrochemistry: an overview of potential applications [J]. Analyst, 2010,135 (11):2768-2778.

[9] SHAO Y, WANG J, WU H, et al. Graphenebased electrochemical sensors and biosensors: a review[J]. Electroanalysis, 2010,22(10):1027-1036.

[10] BROWNSON D A C, FIGUEIREDO-FILHO L C S, JI X, et al. Freestanding three-dimensional graphene foam gives rise to beneficial electrochemical signatures within non-aqueous media[J]. Journal of Materials Chemistry A, 2013,1(19):5962-5972.

[11] PARK S, RUOFF R S. Chemical methods for the production of graphenes [J]. Nature Nanotechnology, 2009, 4 (4):217-224.

[12] JI X, BANKS C E, CROSSLEY A, et al. Oxygenated edge plane sites slow the electron transfer of the ferro-/ferricyanide redox couple at graphite electrodes [J]. Chemical Physics & Physical Chemistry, 2006, 7 (6):1337-1344.

[13] MCCREERY R L. Advanced carbon electrode materials for molecular electrochemistry[J]. Chemical Reviews, 2008, 108 (7):2646-2687.

[14] BANKS C E, DAVIES T J, WILDGOOSE G G, et al. Electrocatalysis at graphite and carbon nanotube modified electrodes: edge-plane sites and tube ends are the reactive sites[J]. Chemical Communications, 2005 (7):829-841.

[15] CHOU A, BÖCKING T, SINGH N K, et al. Demonstration of the importance of oxygenated species at the ends of carbon nanotubes for their favourable electrochemical properties[J]. Chemical Communications, 2005 (7):842-844.

[16] BROWNSON D A C, FOSTER C W, BANKS C E. The electrochemical performance of graphene modified electrodes: an analytical perspective [J]. Analyst, 2012, 137 (8):1815-1823.

[17] LI J, GUO S J, ZHAI Y M, et al. High-sensitivity determination of lead and cadmium based on the nafion-graphene composite film[J]. Analytica Chimica Acta, 2009, 649 (2):196-201.

[18] KIM Y R, BONG S, KANG Y J, et al. Electrochemical detection of dopamine in the presence of ascorbic acid using graphene modified electrodes[J]. Biosensors & Bioelectronics, 2010, 25 (10):2366-2369.

[19] WANG Y, WAN Y, ZHANG D. Reduced graphene sheets modified glassy carbon electrode for electrocatalytic oxidation of hydrazine in alkaline media[J]. Electrochemistry Communications, 2010, 12 (2):187-190.

[20] PENG J. A Graphene-based electrochemical sensor for sensitive detection of vanillin[J]. International Journal of Electrochemical Science, 2012, 7 (2):1724-1733.

[21] GOH M S, PUMERA M. Graphene-based electrochemical sensor for detection of 2,4,6-trinitrotoluene (TNT) in seawater: the comparison of

single-, few-, and multilayer graphene nanoribbons and graphite microparticles[J]. Analytical and Bioanalytical Chemistry, 2011,399 (1):127-131.

[22] BROWNSON D A C, MUNRO L J, KAMPOURIS D K, et al. Electrochemistry of graphene: not such a beneficial electrode material? [J]. RSC Advances, 2011,1(6):978-988.

[23] KOZUB B R, REES N V, COMPTON R G. Electrochemical determination of nitrite at a bare glassy carbon electrode; why chemically modify electrodes? [J]. Sensors and Actuators B: Chemical, 2010,143 (2): 539-546.

[24] BROWNSON D A C, KAMPOURIS D K, BANKS C E. Cheminform abstract: graphene electrochemistry: fundamental concepts through to prominent applications [J]. Chemical Society Reviews, 2012, 41 (21): 6944-6976.

[25] HUI T W, WONG K Y, SHIU K K. Kinetics of o-benzoquinone mediated oxidation of glucose by glucose oxidase at edge plane pyrolytic graphite electrode [J]. Electroanalysis, 2010,8 (6):597-601.

[26] GRANGER M C, WITEK M, XU J, et al. Standard electrochemical behavior of high-quality, boron-doped polycrystalline diamond thin-film electrodes[J]. Analytical Chemistry, 2000,72 (16):3793-3804.

[27] BROWNSON D A, LACOMBE A C, KAMPOURIS D K, et al. Graphene electroanalysis: inhibitory effects in the stripping voltammetry of cadmium with surfactant free grapheme [J]. Analyst, 2012,137 (2):420-423.

[28] BROWNSON D A C, BANKS C E. Graphene electrochemistry: fabricating amperometric biosensors[J]. Analyst, 2011,136 (10):2084-2089.

[29] GOH M S, PUMERA M. Single-,few-, and multilayer graphene not exhibiting significant advantages over graphite microparticles in electroanalysis[J]. Analytical Chemistry, 2010,82(19):8367-8370.

[30] BROWNSON D A, G MEZ-MINGOT M, BANKS C E. CVD graphene electrochemistry: biologically relevant molecules [J]. Physical Chemistry Chemical Physics, 2011, 13 (45):20284-20288.

[31] BROWNSON D A C, GORBACHEV R V, HAIGH S J, et al. CVD graphene vs. highly ordered pyrolytic graphite for use in electroanalytical sensing [J]. Analyst, 2012,137 (4):833-839.

[32] BROWNSON D A C, BANKS C E. The electrochemistry of CVD graphene: progress and prospects [J]. Physical Chemistry Chemical Physics Pccp, 2012,14(23):8264-8281.

[33] LIM C X, HOH H Y, ANG P K, et al. Direct voltammetric detection of DNA and pH sensing on epitaxial graphene: an insight into the role of oxygenated defects [J]. Analytical Chemistry, 2010, 82 (17):7387-7393.

[34] WU S, LAN X Q, HUANG F F, et al. Selective electrochemical detection of cysteine in complex serum by graphene nanoribbon[J]. Biosensors and Bioelectronics, 2012,32 (1):293-296.

[35] HUANG K J, NIU D J, SUN J Y, et al. Novel electrochemical sensor based on functionalized graphene for simultaneous determination of adenine and guanine in DNA [J]. Colloids and Surfaces B: Biointerfaces, 2011, 82 (2):543-549.

[36] SHANG N G, PAPAKONSTANTINOU P, MCMULLAN M, et al. Catalyst-free efficient growth, orientation and biosensing properties of multilayer graphene nanoflake films with sharp edge planes[J]. Advanced Functional Materials, 2010,18 (21):3506-3514.

[37] RATINAC K R, YANG W, GOODING J J, et al. Graphene and related materials in electrochemical sensing[J]. Electroanalysis, 2011,23 (4):803-826.

[38] RANDVIIR E P, BANKS C E. Electrochemical measurement of the DNA bases adenine and guanine at surfactant-free graphene modified electrodes [J]. RSC Advances, 2012,2(13):5800-5805.

[39] GOH M S, BONANNI A, AMBROSI A, et al. Chemically-modified graphenes for oxidation of DNA bases: analytical parameters[J]. Analyst, 2011,136 (22):4738-4744.

[40] GOH M S, PUMERA M. Number of graphene layers exhibiting an influence on oxidation of DNA bases: analytical parameters [J]. Analytica Chimica Acta, 2012,711 (2):29-31.

[41] GUO B D, FANG L, ZHANG B H, et al. Graphene doping: a review [J]. Insciences Journal, 2011,1(2):80-89.

[42] HUANG X, QI X Y, BOEY F, et al. Graphene-based composites[J]. Chemical Society Reviews, 2011,41 (2):666-686.

[43] SHENG Z H, ZHENG X Q, XU J Y, et al. Electrochemical sensor based on nitrogen doped graphene:simultaneous determination of ascorbic acid, dopamine and uric acid[J]. Biosensors and Bioelectronics, 2012, 34 (1):125-131.

[44] JIANG B Y, WANG M, CHEN Y, et al. Highly sensitive electrochemical detection of cocaine on graphene/AuNP modified electrode via catalytic redox-recycling amplification[J]. Biosensors and Bioelectronics, 2012, 32 (1):305-308.

[45] HUANG Y, LI S F Y. Electrocatalytic performance of silica nanoparticles on graphene oxide sheets for hydrogen peroxide sensing[J]. Journal of Electroanalytical Chemistry, 2013,690 (1):8-12.

[46] LI H J, CHEN J A, HAN S, et al. Electrochemiluminescence from tris (2,2′-bipyridyl)ruthenium(II)-graphene-nafion modified electrode[J]. Talanta, 2009,79 (2):165-170.

[47] GAO W H, CHEN Y S, XI J, et al. A novel electrochemiluminescence ethanol biosensor based on tris(2,2′-bipyridine) ruthenium (II) and alcohol dehydrogenase immobilized in graphene/bovine serum albumin composite film[J]. Biosensors and Bioelectronics, 2013,41:776-782.

[48] NIU X L, YANG W, GUO H, et al. Highly sensitive and selective dopamine biosensor based on 3,4,9,10-perylene tetracarboxylic acid functionalized graphene sheets/multi-wall carbon nanotubes/ionic liquid composite film modified electrode[J]. Biosensors and Bioelectronics, 2013,41: 225-231.

[49] CHEN Y, GAO B, ZHAO J X, et al. Si-doped graphene: an ideal sensor for NO- or NO_2-detection and metal-free catalyst for N_2O-reduction[J]. Journal of Molecular Modeling, 2012,18 (5):2043-2054.

[50] WEI Y, GAO C, MENG F L, et al. SnO_2/reduced graphene oxide nanocomposite for the simultaneous electrochemical detection of cadmium (II), lead(II), copper(II), and mercury(II): an interesting favorable mutual interference[J]. The Journal of Physical Chemistry C, 2012,116 (1):1034-1041.

[51] BROWNSON D A C, KAMPOURIS D K, BANKS C E. An overview of graphene in energy production and storage applications[J]. Journal of Power Sources, 2011,196 (11):4873-4885.

[52] Geim A K, NOVOSELOV K S. The rise of graphene[J]. Nature Materials. 2007(6):183-191.

[53] CHEN D, TANG L H, LI J H. Graphene-based materials in electrochemistry[J]. Chemical Society Reviews, 2010,39 (8):3157-3180.

[54] LIANG M, ZHI L. Graphene-based electrode materials forrechargeable lithium batteries [J]. Journal of Materials Chemistry, 2009,19 (33): 5871-5878.

[55] CHENG Q, TANG J, MA J, et al. Graphene and carbon nanotube composite electrodes for supercapacitors with ultra-high energy density[J]. Physical Chemistry Chemical Physics, 2011,13 (39):17615-17624.

[56] LIU C G, YU Z N, NEFF D, et al. Graphene-based supercapacitor with an ultrahigh energy density[J]. Nano Letters, 2010,10 (12):4863-4868.

[57]] ZHANG L L, ZHOU R, ZHAO X S. Graphene-based materials as supercapacitor electrodes[J]. Journal of Materials Chemistry, 2010, 20 (29):5983-5992.

[58] YANG S Y, CHANG K H, TIEN H W, et al. Design and tailoring of a hierarchical graphene-carbon nanotube architecture for supercapacitors [J]. Journal of Materials Chemistry, 2011,21 (7):2374-2380.

[59] WENG Z, SU Y, WANG D W, et al. Graphene & ndash;cellulose paper flexible supercapacitors[J]. Advanced Energy Materials, 2011,1 (5): 917-922.

[60] SHIN H J, KIM K K, BENAYAD A, et al. Efficient reduction of graphite oxide by sodium borohydride and its effect on electrical conductance [J]. Advanced Functional Materials, 2009,19 (12):1987-1992.

[61] MCALLISTER M J, LI J L, ADAMSON D H, et al. Single sheet functionalized graphene by oxidation and thermal expansion of graphite [J]. Chemistry of Materials, 2007,19 (18):4396-4404.

[62] SCHNIEPP H C, LI J L, MCALLISTER M J, et al. Functionalized single graphene sheets derived from splitting graphite oxide[J]. Journal of Physical Chemistry B, 2006,110 (17):8535-8539.

[63] CHEN L, XU Z, LI J, et al. Sonication-assisted preparation of pristine MWCNT-polysulfone conductive microporous membranes [J]. Mater. Lett. , 2011,65 (2):229-1230.

[64] BAO W, MIAO F, CHEN Z, et al. Controlled ripple texturing of suspended graphene and ultrathin graphite membranes[J]. Nature Nanotechnology, 2009, 4:562-566.

[65] GUO P, SONG H, CHEN X. Electrochemical performance of graphene nanosheets as anode material for lithium-ion batteries[J]. Electrochemistry Communications, 2009, 11, 1320-1324.

[66] ZHAO B, LIU P, JIANG Y, et al. Supercapacitor performances of thermally reduced graphene oxide[J]. Journal of Power Sources, 2012, 198 (1):423-427.

[67] WONG C H A, AMBROSI A, PUMERA M. Thermally reduced graphenes exhibiting a close relationship to amorphous carbon [J]. Nanoscale, 2012, 4 (16):4972-4977.

[68] DU Q L, ZHENG M B, ZHANG L F, et al. Preparation of functionalized graphene sheets by a low-temperature thermal exfoliation approach and their electrochemical supercapacitive behaviors[J]. Electrochimica Acta, 2010, 55 (12):3897-3903.

[69] YU G H, HU L B, VOSGUERITCHIAN M, et al. Solution-processed graphene/MnO_2 nanostructured textiles for high-performance electrochemical capacitors [J]. Nano Letters, 2011, 11 (7):2905-2911.

[70] YAN J, TONG W, FAN Z, et al. Preparation of graphene nanosheet/carbon nanotube/polyaniline composite as electrode material for supercapacitors[J]. Journal of Power Sources, 2010, 195 (9):3041-3045.

[71] DU X, GUO P, SONG H H, et al. Graphene nanosheets as electrode material for electric double-layer capacitors [J]. Electrochimica Acta, 2010, 55 (16):4812-4819.

[72] LU T, ZHANG Y P, LI H B, et al. Electrochemical behaviors of graphene-ZnO and graphene-SnO_2 composite films for supercapacitors[J]. Electrochimica Acta, 2010, 55 (13):4170-4173.

[73] CHEN S, ZHU J, WANG X. One-step synthesis of graphene-cobalt hydroxide nanocomposites and their electrochemical properties[J]. Journal of Physical Chemistry C, 2010, 114 (27):11829-11834.

[74] CHEN Y, ZHANG X, YU P, et al. Electrophoretic deposition of graphene nanosheets on nickel foams for electrochemical capacitors [J]. Journal of Power Sources, 2010, 195 (9):3031-3035.

[75] WANG Y, SHI Z Q, HUANG Y, et al. Supercapacitor devices based on graphene materials [J]. The Journal of Physical Chemistry C, 2009, 113 (30):13103-13107.

[76] YAN J, WEI T, SHAO B, et al. Preparation of a graphene nanosheet/polyaniline composite with high specific capacitance[J]. Carbon, 2010, 48 (2):487-493.

[77] WANG H L, CASALONGUE H S, LIANG Y Y, et al. Ni(OH)$_2$ nanoplates grown on graphene as advanced electrochemical pseudocapacitor materials[J]. Journal of the American Chemical Society, 2010, 132 (21):7472-7477.

[78] WANG H L, HAO Q L, YANG X J, et al. Graphene oxide doped polyaniline for supercapacitors [J]. Electrochemistry Communications, 2009, 11 (6):1158-1161.

[79] WU Z S, WANG D W, REN W C, et al. Anchoring hydrous RuO$_2$ on graphene sheets for high-performance electrochemical capacitors[J]. Advanced Functional Materials, 2010, 20 (20):3595-3602.

[80] LIN Z Y, LIU Y, YAO Y G, et al. Superior capacitance of functionalized grapheme[J]. The Journal of Physical Chemistry C, 2011, 115 (14):7120-7125.

[81] LI Z P, WANG J Q, LIU X H, et al. Electrostatic layer-by-layer self-assembly multilayer films based on graphene and manganese dioxide sheets as novel electrode materials for supercapacitors[J]. Journal of Materials Chemistry, 2011, 21(10):3397-3403.

[82] SHI W H, ZHU J X, SIM D H, et al. Achieving high specific charge capacitances in Fe$_3$O$_4$/reduced graphene oxide nanocomposites[J]. Journal of Materials Chemistry, 2011, 21 (10):3422-3427.

[83] FAN Z, YAN J, WEI T, et al. Asymmetric supercapacitors based on graphene/MnO$_2$ and activated carbon nanofiber electrodes with high power and energy Density[J]. Advanced Functional Materials, 2011, 21 (12):2366-2375.

[84] CHENG Q, TANG J, MA J, et al. Graphene and nanostructured MnO$_2$ composite electrodes for supercapacitors [J]. Carbon, 2011, 49 (9):2917-2925.

[85] YAN J, FAN Z J, WEI T, et al. Fast and reversible surface redox reac-

tion of graphene-MnO$_2$ composites as supercapacitor electrodes[J]. Carbon, 2010,48 (13):3825-3833.

[86] CHEN Z P, REN W C, GAO L B, et al. Three-dimensional flexible and conductive interconnected graphene networks grown by chemical vapour deposition[J]. Nature Materials, 2011,10 (6):424-428.

[87] SINGH E, CHEN Z P, HOUSHMAND F, et al. Superhydrophobic graphene foams [J]. Small, 2013,9(1):75-80.

[88] DONG X C, XU H, WANG X W, et al. 3D graphene-cobalt oxide electrode for high-performance supercapacitor and enzymeless glucose detection[J]. ACS Nano, 2012,6(4):3206-3213.

[89] DONG X C, CAO Y F, WANG J, et al. Hybrid structure of zinc oxide nanorods and three dimensional graphene foam for supercapacitor and electrochemical sensor applications[J]. RSC. Advances, 2012,2 (10): 4364-4369.

[90] JEONG H M, LEE J W, SHIN W H, et al. Nitrogen-doped graphene for high-performance ultracapacitors and the importance of nitrogen-doped sites at basal planes[J]. Nano Letters, 2011,11 (6):2472-2477.

[91] ZHOU G M, WANG D W, LI F, et al. Graphene-wrapped Fe$_3$O$_4$ anode material with improved reversible capacity and cyclic stability for lithium ion batteries[J]. Chemistry of Materials, 2010,22 (18):5306-5313.

[92] WINTER M, BESENHARD J O, SPAHR M E, et al. Insertion electrode materials for rechargeable lithium batteries [J]. Advanced Materials, 1998,10 (10):725-763.

[93] PAEK S M, YOO E, HONMA I. Enhanced cyclic performance and lithium storage capacity of SnO$_2$/graphene nanoporous electrodes with three-dimensionally delaminated flexible structure[J]. Nano Letters, 2009,9 (1):72-75.

[94] PAN D Y, WANG S, ZHAO B, et al. Li storage properties of disordered graphene nanosheets[J]. Chemistry of Materials, 2009,21(14):3136-3142.

[95] LIAN P C, ZHU X F, LIANG S Z, et al. Large reversible capacity of high quality graphene sheets as an anode material for lithium-ion batteries [J]. Electrochimica Acta, 2010,55 (12):3909-3914.

[96] UTHAISAR C, BARONE V. Edge effects on the characteristics of Li dif-

fusion in graphene[J]. Nano Letters, 2010,10 (8):2838-2842.

[97] YOO E, KIM J, HOSONO E, et al. Large reversible Li storage of graphene nanosheet families for use in rechargeable lithium ion batteries[J]. Nano Letters, 2008,8 (8):2277-2282.

[98] WANG X Y, ZHOU X F, YAO K, et al. A SnO_2/graphene composite as a high stability electrode for lithium ion batteries[J]. Carbon, 2011,49 (1):133-139.

[99] WANG H L, CUI L-F, YANG Y, et al. ChemInform abstract: Mn_3O_4-graphene hybrid as a high-capacity anode material for lithium ion batteries[J]. Journal of the American Chemical Society, 2010,132 (40):13978-13980.

[100] BHARDWAJ T, ANTIC A, PAVAN B, et al. Enhanced electrochemical lithium storage by graphene nanoribbons[J]. Journal of the American Chemical Society, 2010,132 (36):12556-12558.

[101] TAKAMURA T, ENDO K, FU L J, et al. Identification of nano-sized holes by TEM in the graphene layer of graphite and the high rate discharge capability of Li-ion battery anodes[J]. Electrochimica Acta, 2007,53 (3):1055-1061.

[102] ZHAO X, HAYNER C M, KUNG M C, et al. Flexible holey graphene paper electrodes with enhanced rate capability for energy storage applications[J]. ACS Nano, 2011,5(11):8739-8749.

[103] TONG X, WANG H, WANG G, et al. Controllable synthesis of graphene sheets with different numbers of layers and effect of the number of graphene layers on the specific capacity of anode material in lithium-ion batteries[J]. Journal of Solid State Chemistry, 2011, 184 (5):982-989.

[104] WU Z S, REN W C, XU L, et al. Doped graphene sheets as anode materials with superhigh rate and large capacity for lithium ion batteries[J]. ACS Nano, 2011,5(7):5463-5471.

[105] ANTOLINI E. Graphene as a new carbon support for low-temperature fuel cell catalysts [J]. Applied Catalysis B: Environmental, 2012, 123-124(12):52-68.

[106] LIU C, ALWARAPPAN S, CHEN Z F, et al. Membraneless enzymatic biofuel cells based on graphene nanosheets[J]. Biosensors and Bioelec-

tronics, 2010,25(7):1829-1833.

[107] ZHANG Y Z, MO G Q, LI X W, et al. A graphene modified anode to improve the performance of microbial fuel cells[J]. Journal of Power Sources, 2011,196 (13):5402-5407.

[108] JAFRI R I, RAJALAKSHMI N, RAMAPRABHU S. Nitrogen doped graphene nanoplatelets as catalyst support for oxygen reduction reaction in proton exchange membrane fuel cell[J]. The Journal of Materials Chemistry, 2010,20 (34):7114-7117.

[109] SEGER B, KAMAT P V. Electrocatalytically active graphene-platinum nanocomposites. Role of 2-D carbon support in PEM fuel cells[J]. The Journal of Physical Chemistry C, 2009,113(19):7990-7995.

[110] ZHANG S, SHAO Y Y, LI X H, et al. Low-cost and durable catalyst support for fuel cells: Graphite submicronparticles[J]. Journal of Power Sources, 2010,195(2):457-460.

[111] QU L T, LIU Y, BAEK J-B, et al. Nitrogen-doped graphene as efficient metal-free electrocatalyst for oxygen reduction in fuel cells [J]. ACS Nano, 2010,4 (3):1321-1326.

[112] XIN Y, LIU J, ZHOU Y, et al. Preparation and characterization of Pt supported on graphene with enhanced electrocatalytic activity in fuel cell [J]. World Scientific, 2011,193 (3):1012-1018.

[113] LI Y M, TANG L H, LI J H. Preparation and electrochemical performance for methanol oxidation of Pt/graphene nanocomposites [J]. Electrochemistry Communications, 2009, 11 (4) : 846-849.

[114] DONG L, GARI R R S, LI Z, et al. Graphene-supported platinum and platinum-ruthenium nanoparticles with high electrocatalytic activity for methanol and ethanol oxidation [J]. Carbon 2010, 48: 781-787.

[115] HU Y, WU P, YIN Y, et al. Effects of structure, composition, and carbon support properties on the electrocatalytic activity of Pt−Ni−graphene nanocatalysts for the methanol oxidation [J]. Applied Catalysis B: Environmental, 2012, 111-112: 208-217.

[116] SOIN N, ROY S S, LIM T H, et al. Microstructural and electrochemical properties of vertically aligned few layered graphene (FLG) nanoflakes and their application in methanol oxidation[J]. Materials Chemistry and Physics, 2011,129 (3): 1051-1057.

[117] PANT D, BOGAERT G V, DIELS L, et al. A review of the substrates used in microbial fuel cells (mfcs) for sustainable energy production [J]. Bioresource Technology, 2010, 101 (6): 1533-1543.

[118] LIU J, QIAO Y, GUO C X, et al. Graphene/carbon cloth anode for high-performance mediatorless microbial fuel cells [J]. Bioresource Technology, 2012, 114: 275-280.

[119] YUAN Y, ZHOU S, ZHAO B, et al. Microbially-reduced graphene scaffolds to facilitate extracellular electron transfer in microbial fuel cells [J]. Bioresource Technology, 2012, 116: 453-458.

[120] HOU J, LIU Z, ZHANG P. A new method for fabrication of graphene/polyaniline nanocomplex modified microbial fuel cell anodes [J]. Journal of Power Sources, 2013, 224: 139-144.

[121] DEVADAS B, MANI V, CHEN S M. International Journal of Electrochemical Science, 2012, 7: 8064-8075.

[122] ZHENG W, ZHAO H Y, ZHANG J X, et al. A glucose/O 2 biofuel cell base on nanographene platelet-modified electrodes [J]. Electrochemistry Communications, 2010, 12 (7): 869-871.

作者介绍

  Craig E. Banks 是英国曼彻斯特城市大学纳米和电化学技术的副教授和学者,已出版了 260 多篇文章($h=42$)、4 本书、14 个章节,并发明了 17 项专利,Craig 已经从他的研究中发展了两家公司。由于对碳材料(特别是石墨烯)及其在电极材料应用方面认识上的贡献,他被授予 RSC 哈里森-麦尔多拉纪念奖(2011)。Craig 也是 RSC 期刊"分析方法"的副主编和湘潭大学的名誉教授。他的研究兴趣在于纳米电化学体系的基本认识和应用,如石墨烯、碳纳米管和纳米粒子传感器,并通过丝网印刷及相关技术发展新型的电化学传感器。另外,他的研究还关注储能方面的应用,如石墨烯基超级电容器及锂、钠离子电池。

  Dale A. C. Brownson 是英国曼彻斯特城市大学石墨烯工程及电化学方面的助理研究员。他出版了超过 25 篇文章($h=12$),两个章节。由于提出对石墨烯作为电极材料的基本认识,这些认识对提高电化学传感器具有促进意义,Dale 获得了 RSC 罗纳德卑奖(2013)。Dale 的工作着重于拓展石墨烯电化学的视野,包括对传感和能源相关设备的基本认识和应用的探索。他的研究兴趣除了对电化学设备中先进碳纳米材料的制备和研究,还包括化学在法医上的应用研究。

2014 年 3 月 3 日

附　　录

附录 A　给诺贝尔奖评审委员会的信

以下这封给诺贝尔奖评审委员会的信讲述了诺贝尔奖评审委员会为支持共同授予他们 2010 诺贝尔物理奖发布的"科学背景","以表彰海姆和诺沃肖洛夫在二维石墨烯材料的开创性实验"(参考文献[1]给出了一个新版的"科学背景")。这封信被全文转载到参考文献[2]中。

Letter from Walt de Heer

November 17, 2010

To: The Nobel Committee,

Class for Physics of the Royal Swedish Academy of Sciences

The Nobel Prize in Physics is the most prestigious scientific achievement award and it is expected that the award be based on diligent and independent investigations. The scientific background document published by the Class for Physics of the Royal Swedish Academy of Sciences that accompanies the 2010 Nobel Prize in Physics is considered to reflect this process and it is therefore presumed to be accurate. I am recognized to be an authoritative source in the research area of the 2010 Nobel Prize in Physics. I can attest to the fact that this document contains serious inaccuracies and inconsistencies, so that the document presents a distorted picture that will be echoed in the community at large if the errors remain uncorrected. I list below several of the more serious errors with suggested changes.

1. Figure 3.3 is a reproduction of a figure in Novoselov et al.'s 2004 paper[1]. The figure caption incorrectly states the measurements were made on graphene (a single layer of carbon). The 2004 caption states that the measurement was performed on a FLG sample (i.e. ultrathin graphite composed of several graphene layers). In fact Noveoselov's 2004 paper does not report any electronic transport measurements on graphene. The band-structure figure accompanying this figure represents graphite and not graphene and the magnetore-

sistance measurements are explicitly graphitic. The Manchester group published graphene transport measure-ments in 2005[2]. Please note also, that the right panel of Fig. 4.4 is incorrectly labelled and ambiguously credited.

2. Page 2 states: "It should be mentioned that graphene-like structures were already known of in the 1960s, but there were experimental difficulties[13-16] and there were doubts that this was practically possible." The references all relate to graphene under various conditions. None of the references discuss experimental difficulties nor do they express doubts about the practical possibility (to produce) graphene. For example the respected graphite scientist, H-P Boehm, who later coined the name "graphene", published his 1962 observations of graphene in a most highly regarded journal (Ref. [13]) and demonstrated beyond reasonable doubt the existence of freestanding graphene. He certainly showed that the existence of graphene was practically possible. The Nobel committee cites this work and then contradicts its main conclusion without explanation. Boehm's work has stood the test of time and has been reproduced by others. References [14-16] demonstrate that besides freestanding graphene, other forms of graphene are also practically possible. The document must explain how it arrives at the opposite conclusion or replace the sentence with, for example: "It should be mentioned that graphene structures were already known of before 2004[13-16]".

3. Page 1 states: "It was well known that graphite consists of hexagonal carbon sheets that are stacked on top of each other, but it was believed that a single such sheet could not be produced in isolated form. It, therefore, came as a surprise to the physics community when in 2004, Konstantin Novoselov, Andre Geim and their collaborators[1] showed that such a single layer could be isolated and that it was stable." This critically important assertion is repeated several times in the document without justification. In fact, the (chemical) stability of graphene did not come as a surprise, even for those who were unaware of Boehm's experiments. Despite Novoselov et al. 's claim in Ref. [1], the chemical stability of graphene did not violate any physical principle and its existence was not doubted in any research paper. Graphene had previously been observed and characterized as a two-dimensional crystal by several research groups[4]. Careful reading of Ref. [1] suggests that Novoselov et al. had confused highly stable covalently bonded two-dimensional macromolecules

(like micron-sized graphene flakes), with chemically unstable freestanding two dimensional metal crystals, causing them to presume that theoretically graphene should also be chemically unstable. None of the references cited in Ref. [1] questions the existence of graphene in any circumstance, contradicting the statement in the document that its observation 'came as a complete surprise'. On the contrary, several references cited in Ref. [1] actually show images of graphene under various conditions. Had graphene's existence in any form truly violated accepted physical principles, then its observation would have resulted in a flurry of activity to explain the discrepancy. In reality, Ref. [1] did not give rise to a single paper re-examining the chemical stability of isolated graphene.

The document must satisfactorily justify the controversial statement quoted above which certainly does not reflect the consensus opinion of experts in the field and it is overwhelmingly contradicted by facts as pointed out in item 2, above. The sentence might be replaced with "It was well known that graphite consists of hexagonal carbon sheets that are stacked on top of each other and researchers were developing methods to deposit single sheets on substrates. In 2005, Konstantin Novoselov, Andre Geim and their collaborators demonstrated a simple method to deposit and to identify a single graphene sheet on an oxidized silicon carbide wafer[2]" with a reference to their 2005 PNAS article[2], and not their 2004 Science article Ref. [1], as explained in item 5.

4. Page 7 states: The mobility of graphene is very high which makes the material very interesting for electronic high frequency applications[37]. Recently it has become possible to fabricate large sheets of graphene. Using near-industrial methods, sheets with a width of 70 cm have been produced[38,39].

Geim and Novoselov's method obviously cannot be used for electronic applications; for such purposes, other, previously established grapheme production methods are used. The large graphene sheets were made by a CVD method (first described in the 1990s) developed by Ruoff et al. The first actual high frequency transistors were made with epitaxial graphene on silicon carbide at Hughes Research Laboratories in 2009 and at IBM in 2010 using concepts and methods (first described in the 1970s) developed by de Heer et al.[3] Earlier in the document, epitaxial graphene is referred to as "carbon layers" on silicon carbide as if it were somehow different than graphene. Well before 2004, epitaxial graphene on silicon carbide had been described as a 2-dimensional crystal that is free floating above the substrate (cf. Ref. [15] of the document). It has been shown to exhibit every essential graphene property and photoemission measurements have become icons for graphene's band structure. De Heer's research preceded, and, most importantly, developed entirely independently from Geim and Novoselov's research. (In 2004 he performed the first graphene transport measurements: the incorrect thickness measurement in Ref. [3]a was corrected in Ref. [3]b.) The document gives the impression that de Heer's research on graphene based electronics (initiated in 2001) was contingent stimulated or in some other way motivated by Geim and Novoselov. This is not the case, and the document should clarify this.

5. The Summary paragraph, page 7 states: The development of this new material opens new exciting possibilities. It is the first crystalline 2D-material and it has unique properties, which makes it interesting both for fundamental science and for future applications. The breakthrough was done by Geim, Novoselov and their co-workers; it was their paper from 2004 which ignited the development. For this they are awarded the Nobel Prize in Physics 2010.

Geim and Novoselov developed a very simple method to produce and observe microscopic graphene slivers on oxidized, degenerately doped silicon wafers. This method was copied by many and provides an ideal method to produce graphene samples for two-dimensional transport studies. The development of this experimental technique was very important for the field of mesoscopic physics, and as pointed out in the document, this was Geim and Novoselov's most important contribution.

However this method and its application to graphene by Novoselov et al. was not reported in 2004[1] but in 2005[2]. In Ref. [1] the ultrathin graphite flakes (FLG) whose transport properties were measured, were produced by a more cumbersome method that certainly would not have attracted so much attention [cf. supporting on-line material for Ref. [1]. In fact Ref. [1] does not report measurements nor characterization of graphene: instead, it presents evidence of a microscopic sliver of graphene protruding from an ultrathin graphitic flake, not unlike those observed earlier by others (i.e. Shioyama op. cit. Ref. [1]). It is relevant that Ref. [1] is often wrongly cited for "the discovery of graphene" and for the "Scotch tape method", even by the authors of

Ref. [1]. This misrepresentation of Ref. [1] should be corrected in the document.

Further note that de facto isolated graphene had been identified and characterized as a 2D-crystalline material in many reports prior to 2004 (see for example[4] for a review). The characterization of graphene as a new 2D material is incorrect. This might be corrected in the document along the lines of the second paragraph in this item.

The authors of the Scientific Background document misquoted essential facts pertaining to Ref. [1]. An independent review of this document would be helpful to assure that the statements are clear, unambiguous, and factually correct.

We hope that the committee reviews these facts, corrects and publishes an erratum to the scientific background document so that it rises to the exacting standards expected of it.

Sincerely yours,

Walt de Heer
Regents Professor of Physics
Georgia Institute of Technology

References

[1] NOVOSELOV K, et al. Electricfield effect in atomically thin carbon films [J]. Science, 2004(306): 666-669.

[2] NOVOSELOV K, et al. Two-dimensional atomic crystals[J]. Proc. Nat. Acc. Sci., 2005(102): 10451.

[3] BERGER C, et al. Ultrathin epitaxial graphite: 2D electron gas properties and a route toward graphene-based nanoelectronics[J]. J. Phys. Chem., 2004(108): 19912.

[4] DE HEER W A. Epitaxial graphene[J]. Sol. St. Comm., 2007(43): 92.

[5] GALL N R, et al. Two dimensional graphite films on metals and their intercalation[J]. Int. J. Mod. Phys., 1997(B11): 1865.

附录 B　数据分析的相关概念

在分析化学尤其是电分析中,制作校准曲线可便于分析人员确定系统对研究的目标分析物如何响应。特别是校准曲线为电化学家提供了电化学分析系统的一个基准,如石墨烯修饰的电极对分析物 X 的检测。图 B.1 所示为在电化学系统中呈现出不同浓度的目标物 X 后,通过记录一段装置的信号输出得到的典型的校正曲线。这通常是通过制备溶液和运行无分析物 X 的情况(称为"空白")下的响应实现的,之后通过将分析物 X 添加到溶液中,浓缩原液逐渐达到分析物 X 的最终浓度(仔细考虑稀释因子)。添加物是为了降低系统/电极配置的响应(或灵敏性)。实验应注意利用校准的微电极和高质量的溶液与具有分析物 X 的原液,即同一缓冲液或组成,以避免任何可能的误解,如可能从简单的 pH 变化观察到的现象。如上所述,图 B.1 为典型的校准曲线,然而它也强调了这个校准曲线的动态线性范围。数据(增加的分析物浓度和仪器响应)可采用线性回归法最佳拟合为线性(仅采用线性部分)。这产生了一个模型,可用方程 $y = q_1 x + q_0$ 描述。其中,y 为电化学响应;q_1 代表灵敏度(斜率);q_0 为常数,用来描述来自非法拉第过程的背景或空白响应。当构建一个校准曲线时,采用该法可重复获得有统计意义的数据。基于校准曲线报道的分析性能是不专业的,与正在开发的电化学分析系统的实际情况不符。然而,这种做法在文献中仍被采用。值得注意的是,如果采用相同电极,上述方法将确定电

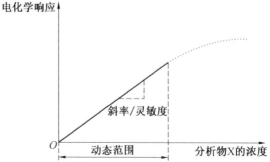

图 B.1　突出动态范围和用来检测(电)分析系统的其他有用的分析相关参数的典型校准曲线

化学内响应,而理想的情况下电化学间响应也应该被探索。有用的定义如下。

电化学内响应:这也被称为可重复性,即同样的分析师使用相同的试剂和设备在短时间间隔内,重复相同程序的能力,例如使用相同的电极一天之内测量,获得类似的结果。

电化学间响应:在不同条件下重复同样方法的能力,例如分析师、试剂、设备改变;或在随后的场合,例如电极改变,在数周或数月内测量记录,这涉及"批次之间"的精度或重复性,也被称为检测精度。需注意,除了上述情况,在以下情况下,也应获得电极响应(即校准曲线):①采用固体电极(如 GC 电极)时在测量过程中没有抛光;②采用固体电极时测量之间采用抛光;③每次测量都采用新电极,尽可能使用 SPEs。

B.1 平均值与标准差

样品平均值 $\overline{X}$ 被定义为从一群实验数据中选取的有限数量样品的平均值,可由以下公式给出:

$$\overline{X} = \frac{\sum_i x_i}{N} \tag{B.1}$$

其中,$\overline{X}$ 为一个单独的实验值,x_i 为所有实验值的总和,N 为所用实验值的数量。标准偏差被用来测量精度,描述采用了完全相同的方法或程序的两个或更多个实验数据是否一致,可由下式给出:

$$S = \sqrt{\frac{\sum_i^N (x_i - \overline{x})^2}{N-1}} \tag{B.2}$$

上述方程假定误差相对于平均值可以是正的或负的,如果事实如此,没有系统误差,x 就等于标准或高斯分布的平均值。高斯分布如图 B.2 所示,平均值为 μ,标准偏差为 σ。曲线面积的 68.3 % 介于 $(\mu - \sigma)$ 和 $(\mu + \sigma)$ 之间;95.6 % 介于 $(\mu - 2\sigma)$ 和 $(\mu + 2\sigma)$ 之间,99.7 % 介于 $(\mu - 3\sigma)$ 和 $(\mu + 3\sigma)$ 之间。这是置信区间和置信限的基础。

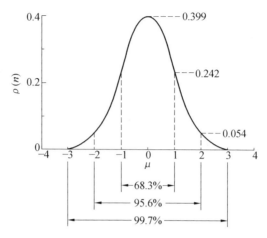

图 B.2　标准的误差曲线

在标准偏差 σ 与位于 $\mu-n\sigma$ 和 $\mu+n\sigma$ 间的平均值组成的单元中绘制高斯分析,其中 $\rho(n)$ 为概率密度函数。在本例中,曲线下的面积为 1,半面积下降为 $\mu=\pm 0.67$。

B.2　重复性

分析师最感兴趣的是方法的重复性,因为在常规使用期间包含大量的变量,这将提供更好的精度。精度是随机误差的测量,被定义为重复测量相同样品之间的一致性。它表现为重复测量的变异系数(%CV)或相对标准偏差(%RSD),定义为

$$\%CV/\%RSD = (标准偏差/平均值) \times 100 \quad (B.3)$$

B.3　检测限(LOD)和定量限(LOQ)

作为任何分析实验室的一部分,内部质量控制包括常规的检测限和定量限工作的校准和验证。依据图 B.1 所示,检测限是一个有用的分析和电化学参数,与其他文献报道值对照来检测开发的电化学系统。然而,它的定义并不是直截了当的。IUPAC 书中给出的定义如下[3]:"最小的单一结果具有规定的概率,可以与一个合适的空白值相区分。极限定义了将分析变为可能的点,这可能不同于确定分析范围的下限。检测限可表示为浓度 c_L 或者数量 q_L,来自最小的测量 x_L,x_L 用一个给定的分析方法可以合理

肯定地检测出,由下式给出:

$$x_L = \bar{x}_{blank} + ks_{blank}$$

其中,$\bar{x}_{blank}$ 是空白值(无分析物的样本)的平均值;s_{blank} 是空白值的平均偏差;k 是根据所需的置信度选择的数值因子。

理想情况下,LOD 和 LOQ 的定义需要相对简单才会被广泛采用。遗憾的是,事实并非如此,为了阐明定义,IUPAC 付诸很大的努力[4-6]。

一个过去常见的广泛使用的方法至今仍在使用,它是基于 IUPAC 和美国化学学会的定义,采用平均空白信号,y_B 作为基础进行 LOD 信号的计算,具体如下:

$$\text{LOD} = (y_D - \bar{y}_B)/q_1 = K_D s_b / q_1 \quad (B.4)$$

其中,y_D 是信号值;$\bar{y}_B$ 是平均空白信号;K_D 是根据所需的置信度(统计学)选择的数值因子。LOQ 的表达式为

$$\text{LOQ} = (y_Q - \bar{y}_B)/q_1 = K_Q s_b / q_1 \quad (B.5)$$

其中,通常人们普遍认为 $K_D = 3$ 而 $K_Q = 10$;在学术论文中,报道的 LOD 均采用这种方法,通常简称为 3σ。上述方法使用了校准曲线(图 B.3),经过足够多次的测量达到统计学相关,最优拟合线的误差在相关方程中被用到。这样,LOD 可以容易地由公式 $\text{LOD} = 3\dfrac{s_b}{q_1}$ 推导出,如图 B.3 所示。请注意,这样是有局限性的,采用这种方法,LOD 和 LOQ 可能估计过高或过低,感兴趣的读者可以参阅参考文献[4,5]。理论上,如果校准曲线是高质

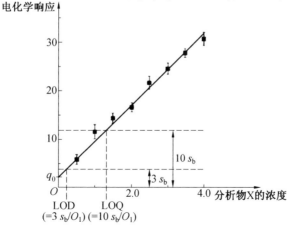

图 B.3 LOD 和 LOQ 计算的两个备选方案示意图
(每个校准点代表重复测量的平均值)

量的，s_b 将很小，报道的检出限会相当低。而实际中，因为通常 LOD 和 LOQ 是模型系统（仅缓冲溶液），由于仪器的实验程序限制（如在低信号电平的噪声和漂移等）以及化学干扰，这种情况不会出现。

B.4 评估数据集的量化

B.4.1 Q 检验

在制定电分析协议书时，需要通过一个行之有效的"准确"或者"绝对标准"的程序进行对比。两个重要的允许这样比较的统计分析方法是 t 检验和 F 检验。在应用这些程序之前，需要进行 Q 检验，即应该检验得到的数据是否是潜在的离群值（异常），即数据值出现不合理的距离（或偏离）组成数据集的其他数据，为做到客观，需实施 Q 检验[5]。

Q 检验允许排除计算的异常值，Q 通过以下公式给出：

$$Q = \frac{可疑值-临近值}{最大值-最小值} \tag{B.6}$$

将实验得到的值以数值增加的顺序进行排列，从公式（B.6）导出 Q，然后与表中的 $Q_{critical}$ 值进行对比，表 B.1 列出了置信水平为 90% 和 95% 时的临界值。

表 B.1　舍弃商 $Q_{critical}$ 的临界值

观察数/数据数（N）	90% 可信	95% 可信
3	0.941	0.970
4	0.765	0.829
5	0.642	0.710
6	0.560	0.625
7	0.507	0.568
8	0.468	0.526
9	0.437	0.493
10	0.412	0.466
11	0.392	0.444
12	0.376	0.426
13	0.361	0.140
14	0.349	0.396
15	0.338	0.384
16	0.329	0.374
17	0.320	0.365
18	0.313	0.356
19	0.306	0.349
20	0.300	0.342

如果计算的 Q 值超过了 $Q_{critical}$ 值，则可疑值将从数据集中排除。因

此,排除值要么是最大值要么是最小值,如果一个值被排除掉,Q 检验新的、较小的数据集中重复进行,直到不再有数据将被删除。更多信息和有关临界值的表格见参考文献[7,8]。

B.4.2　t 检验

t 检验允许比较两套数据的平均值,并比较两者之间与数据差异相关的实际差(表示为平均值之间的标准偏差)。t 检验(也被称为 student t 检验)的一个很好的比方为:如果由两个单独的点心厨师制作的点心是有质量控制的,一个合适的假设是,两厨师制作的点心之间的重量没有差异;如果两套数据是一致的(制作的点心基本相同)或明显不同于预期(例如,制作点心有极大的不同,客户得到的要么是很好要么是很差),student t 检验①将允许从实验数据推断,就像通过称量点心样品一样。接下来,我们就可能会就发展电化学协议的过程中产生的数据考虑 t 检验。

案例 1:实验数据和公认值之间的对比

这类方案用于比较实验平均值和样本值,样本值是通过"有证标准物质"(CRM)的分析方法确定的。CRM 需经过严格的测试程序来验证准确的浓度水平,因此,在分析确定浓度时具有高的置信度。为了比较实验值与 CRM 值以验证一个方法或程序,需要实行下面的 t 检验。假设一个高斯分布如图 B.2 所示,则由平均值附近的特定限之间的分布比例可以计算出;这是对应于无限群体置信区间的宽度(自由度无穷数)。对于一个有限数量的分析,公式(B.7)描述了在给定的关于实验平均值的置信水平时,真实的平均值所在的限度。

$$\mu = \bar{x} \pm \frac{ts}{\sqrt{N}} \tag{B.7}$$

---

① 化学家 W. S. Gosset(牛津大学新学院)在爱尔兰啤酒厂(爱尔兰都柏林)工作时开发了 t 检验,开发和用来监视烈性黑啤的质量。由于用人单位不允许 Gosset 发表 t 检验,他用了笔名"Student",(出版物:Student (1908a). The probable error of a mean. Biometrika, 6, 1-25 和 Student (1908b). Probable error of a correlation coefficient. Biometrika 6, 302-310)。因此,出现了 Student 检验。感兴趣的读者可以参阅:Fisher Box, Joan (1987). "Guinness, Gosset, Fisher, and Small Samples". Statistical Science 2 (1):45-52 来了解完整的细节。

为了使其没有大的差别：

$$|\mu - \bar{x}| \geqslant \frac{ts}{\sqrt{N}} \tag{B.8}$$

方便起见，我们重新排列方程式（B.8）得到

$$\pm t = (\bar{x} - \mu)\sqrt{\frac{N}{s}} \tag{B.9}$$

其中，μ 是 CRM 值；t 是 student t 值，在自由度为 $(N-1)$，预先选定置信区间（通常是 95% 置信区间）获得。t 值见表 B.2。根据自由度的数目列出 t 值，在 $(N-1)$ 的情况下，依赖于分析的数量和置信区间，即包含多少百分比的假设高斯分布。置信水平也表现为概率 P 发现的差异。例如置信水平 95% 对应于 $P=0.05$；无限多自由度完全对应于高斯分布。案例 1 可用来与 CRM 值对照，比较给定实验方法得到的数据是否是可靠有效的。对实验得到的（电化学）数据，采用 Q 检验（如前）消除异常值，推导的平均值（$\bar{x}$）和标准差（s）连同 CRM 值（μ）和推导平均值所采用数据的数目（N）用来确定 t 值。我们再参考所需的置信区间内的 t 值，如表 B.2 所示，并与推导的 t 值对比。如果计算的 t 值低于表格中响应置信区间的 t 值，则没有统计学差异；在这种情况下，提出的或采用的电分析方法可认为是一种有效的实验程序。反之，如果计算的 t 值高于表中相应置信区间的 t 值，则存在统计学差异，提出的或采用的电分析方法不是一种有效的实验程序。

表 B.2　t 分布（给定置信区间（CI）的 t 值）

置信区间显著性水平（P）	90% CI(0.10)	95% CI(0.05)
自由度		
1	6.314	12.706
2	2.920	4.303
3	2.353	3.182
4	2.132	2.776
5	2.015	2.571
6	1.943	2.447
7	1.895	2.365
8	1.860	2.306
9	1.833	2.262
10	1.812	2.228
∞	1.645	1.960

案例2：当允许值是未知时，两套实验数据的对比

当允许值未知时，采用配对 t 检验，以确定实验数量的有效性。通常情况下，二次平均是通过使用不同的仪器、不同的实验室或在相同的实验室采用不同的方法或不同的构造电极来实现的。评价这两个分布之间的重叠程度即在指定的置信水平数据集间是否有重大差异，那么 t 检验就是

$$\pm t = \left(\frac{\bar{x}_1 - \bar{x}_2}{s_p}\right)\sqrt{\frac{n_1 n_2}{n_1 + n_2}} \quad (\text{B.10})$$

其中，$\bar{x}_1$ 是一个数据集的平均值；$\bar{x}_2$ 是另一个数据集的平均值；s_p 被称为合并标准偏差，由下式给出：

$$s_p = \sqrt{\frac{s_1^2(n_1 - 1) + s_2^2(n_2 - 1) + \cdots + s_k^2(n_k - 1)}{n_1 + n_2 \cdots n_k - k}} \quad (\text{B.11})$$

其中，k 值是用于对比的实验平均值的数目。例如，如果有两套实验平均值，那么 k 值为 2。

F 检验：

F 检验通过以下表达式对比了两套数据的精度：

$$F = \frac{S_1^2}{S_2^2} \quad (\text{B.12})$$

其中，S_1^2、S_2^2 两套数据不必从相同的样本中得到，只要两个样本足够相似使得不确定误差可认为相同即可。F 检验可让我们对两个主要领域有更深入的了解：①A 方法比 B 方法更准确吗？②两种方法的精度有区别吗？计算 F 检验，是将更精确方法的标准偏差放在分母，而较精确方法的标准偏差放在分子。如果计算的 F 值大于表中相应置信水平时的临界值（表 B.3），则概率水平存在显著差异。表 B.3 列出了 F 检验的一些值。

表 B.3　在 95% 置信水平（$P = 0.05$）时的 F 值

自由度（分母）	自由度（分子）			
	2	3	4	5
2	19.00	19.16	19.25	19.30
3	9.55	9.28	9.12	9.01
4	6.94	6.59	6.39	6.26
5	5.79	5.41	5.19	5.05
∞	3.00	2.60	2.37	2.37

B.5　回收实验

这种测试是在一个已知量的分析物被添加到样品基质中进行的,然后在目标分析物加入之前和之后进行选择分析。这样的回收实验也可以对受控(缓冲区)或模拟(存在潜在或已知干扰物)的样品进行。回收率由下式给出:

$$回收率=(已知浓度/添加浓度)\times 100\% \qquad (B.13)$$

B.6　标准加入

与已知分析物含量的校准标准比较,允许对样品中未知分析物含量进行推导。当需要测量的样品基体影响测量仪器的灵敏度时,通常采用标准加入校准。这是一种被广泛接受的分析技术,已被设计来克服某一特定类型的矩阵效应,而这种效应会带来偏差。

图 B.4 显示了一个在用于校准的矩阵"矩阵 A"中进行的典型的校准曲线,图 B.1 所示通常是在缓冲溶液中进行。图 B.4(b)所示为一旋转矩阵效应,当分析信号被测试溶液的非分析物成分影响时就会产生。需注意,这种效应的大小是成比例的,因此有时被称为"比例"效应,它改变校准的斜率,而不是它的截距。图 B.4(a)所示为平移效应的情况,出现的信号产生自测试溶液中的伴随物质,而不是分析物,并且不依赖于分析物的浓度(通常被作为背景或基线干扰)[9, 10]。请注意,在这种情况下,受影响的是截距而不是斜率。重要的是,这两种干扰可能对观测信号有相同的影响(图 B.5 的 X 点),因此要区分两个矩阵效应必须观察一个以上的浓度。无法区分两矩阵效应会产生误导的结果。请注意,使用标准加入可以纠正旋转效应,但平移效应(如果存在)必须分别消除或纠正,否则结果还可能有偏差。

进行标准加入校准有两种不同的方式。第一种称为常规标准加入法(C-SAC),它对比了置于单独的容器中几种溶液的仪器响应,每个容器含有相同量的样品,但不同量的校定标准和空白,每个容器的容积是固定的。第二种是连续标准加入法(S-SAC),它对比了随着部分校准溶液加入同一容器,在同一容器中样品的仪器响应,这样每次测量时的体积并不是固定的。如果直接(C-SAC)或间接(S-SAC)给出未知含量[9, 10, 11],在这两种情况下的量化是通过将标定关系产生的分析物含量为 0 时与 x 轴的截距外推得到的,需注意,由于在实验中的易用性,第二种方法是最常见的。图 B.6 为典型的标准加入曲线。

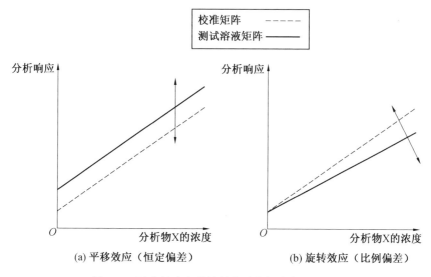

图 B.4 平移效应和旋转效应对分析响应的影响

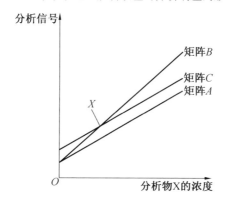

图 B.5 对所观察到的分析信号不同类型的矩阵效应
(矩阵 A 是校准矩阵,而矩阵 B 是旋转效应,改变了来自分析物信号的大小,而不是截距。在矩阵 C 中,截距已经通过平移效应迁移,但是斜率未受影响。在 X 点,两个矩阵效应有相同的结果。经许可转载自参考文献[9])

如果分析师确保在相关浓度范围内分析校准是线性的,这种方法将是合理的,因为非线性测试需要大量的测量来产生有用的统计功效[9,10]。

有趣的是,汤普森[9,10]指出如果测量仅限于图 B.7 所示线性范围的两

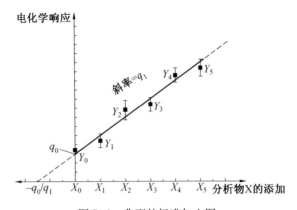

图 B.6 典型的标准加入图
（这种情况下的分析信号是电化学响应。估计的校准线
外推到零响应,负读数为浓度估计值）

端,通过估计校准的斜率可以获得更好的精度。经过对测试溶液及单一加标溶液的响应进行几次测量后,校准功效的最佳估计仅是综合两个平均结果的简单的线。此过程给出了完全相同的响应函数的回归,或者是简单的或是加权的。另外,利用这种方法每次测量结果仅需要较少的操作次数。

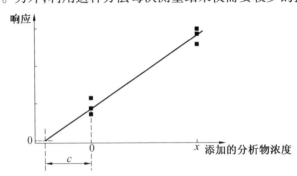

图 B.7 加标的标准加入法
（这种设计提供了一个浓度 c 估计值,其精度略好于均匀
分布的设计（图 B.6）。对于添加的分析物浓度为 x 或者
0 时,$N=3$）

汤普森表示关于精度和相对标准偏差结果较差,除非分析物的浓度大于约 4 倍的检出限;汤普森建议为使它与分析方法的线性范围一致[9,10],应总是维持标准加入高于分析物浓度的 5 倍以上。

最后,汤普森对成功执行标准加入法的建议如下:

(1)确保分析方法在整个工作范围内有效地线性变化。

(2)确保任何平移干扰被分别消除。

(3)只有一个水平的添加分析物是必要的,如果需要更好的精度需重复测量。

(4)让所添加分析物的浓度足够高,并线性一致,理想的情况是至少5倍于原分析物的浓度。

值得考虑的是,谁首先引入了标准添加的概念。Kelly 等提供了一个有用的、滑稽而有启发性的关于标准加入协议[12]起源和历史的概述。

公认的是,Chow 和 Thompson[13]首先描述了标准加入协议,他们的工作经常被引用。然而,Campbell 和 Carl[14]之前已报道了标准加入方法的首次描述,但是他们的论文引用量却是 Cho 和 Thompson 的一半。Kelly 等[12]表明两组工作相互独立,Chow 和 Thompson 的论文被更广泛引用是因为他们首次用标准加入法测定在复杂自然介质中的分析物浓度(协议水溶液是最常用的)。不管这些论文之间存在什么样的细微差别,Kelly 等[12]表明,是电化学家实际发明了标准加入的概念。这项工作比 Chow 和 Thompson 及 Campbell 和 Carl 两个论文还要早。

实际上是 Hans Hohn,一个鲜为人知的人,首次报道了标准加入法的描述;图 B.8 所示为 Hohn 关于极谱法的书的封面[13]。

Hans Hohn 是采矿化学家(1906—1978),在他 1937 年出版的书中首次记录了标准加入法,利用极谱法,包含 28 个实验细节,紧接着有 9 个详细的极谱分析的例子。图 B.9 所示为含已知量的 Cu、Ti、Zn 和 Mn 的原始溶液的原始极谱,标记"a"。将已知量的 Zn 加入原溶液后,得到二极谱,标记"b"。注意 Zn 的响应有所增加,而其他的不变。

以下的事情非常有趣。当 Kelly 等在研究究竟是谁首次报道了标准加入法时,他们自然想到读 Hohn 的权威著作,通过馆际互借,作者意外收到了一本书,来自西雅图华盛顿大学(这是作者 Chow 和 Thompson 所在的大学)。Hohn 所著图书的副本在后封面处仍然保留了流通卡(这是从图书馆拿一本书时的盖章)和到期日纸条;如图 B.10 所示。

从流通卡(图 B.10)很明显看到,1939 年 6 月 14 日,Thompson 教授借了 Hohn 的书,并被通知三个月后,即 1939 年 9 月 15 日返还。后来,在 1951 年 11 月 26 日 T. J. Chow 也借出了 Hohn 的书,这些都是他们在 Analytical Chemistry 发表文章所发生的[13]。显然,Chow 和 Thompson 重新发现并报道了标准加入协议,但决定不引用这项开创性的工作。Kelly 等小心翼翼地认为 Chow 和 Thompson 可能认为他们已经显著扩展了 Hohn 的方法,引文是不必要的。无论是什么原因,这故事是非常精彩的。

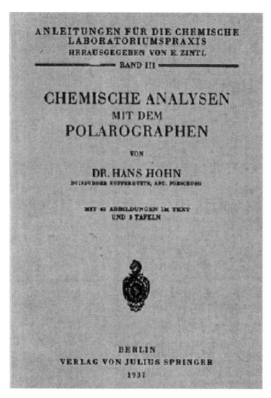

图 B.8　Hohn 关于极谱法的书的封面首次描述了标准加入方法

（经 Springer 科学与商业媒体版权许可，转载自参考文献[12]）

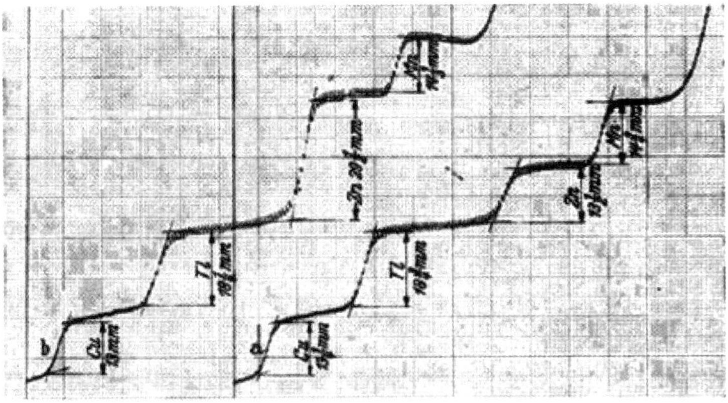

Abb. 16. Bestimmung von Zink durch Eichzusatz.
a Probe und Grundlösung. b dieselbe Lösung nach Eichzusatz.

图 B.9　Zn 标准加入实验的极谱

（实验引自参考文献[15]，其中图的标题写道：通过校准（标准）加入法确定 Zn。a 为未知和支持电解质，b 为校准加入后的同一溶液。经 Springer 科学与商业媒体版权许可，转载自参考文献 [12]）

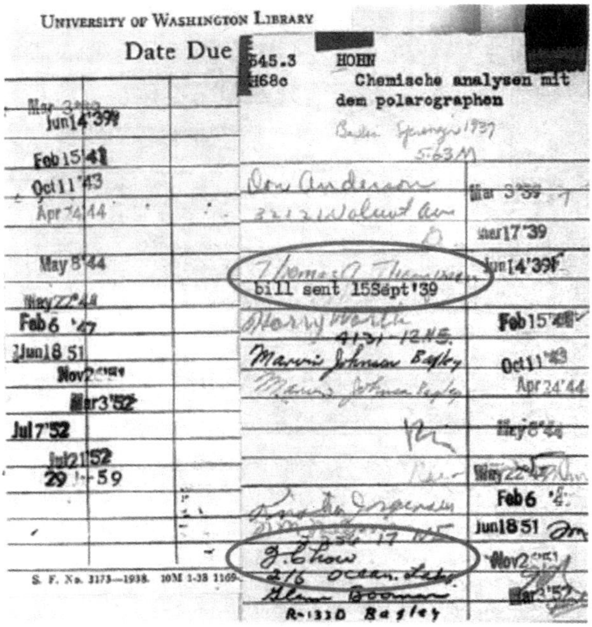

图 B.10　从华盛顿大学图书馆得到的 Hohn 所著图书的
　　　　　流通卡和到期日纸条

（经 Springer 科学与商业媒体版权许可，转载自参考文献[12]）

附录 C　石墨烯电化学工作者的实验技巧

下面是有关"石墨烯电化学家"工作过程中的技巧和注意事项的简单列举。

合理表征所制备的石墨烯,特别需确认材料确实是对应于石墨烯的理化特性(比如 TEM 和拉曼光谱),如果可能,还有报道的 O/C 比(如 XPS)和有(数量百分比)或无表面缺陷。

使用其他碳的同素异形体,如石墨、炭黑和非晶碳(正如在能源相关领域探索的),进行适当的对照实验。详见参考文献[16-19]。为了证明石墨烯修饰电极的好处,对石墨烯修饰的热解石墨电极与热解石墨基片进行直接比较(分别为 EPPG 和 BPPG)特别必要[16-18]。

考虑修饰电极的表面覆盖效果,可以分为三区(Ⅰ区、Ⅱ区和Ⅲ区)(见第 3 章和参考文献[17]),推断出属于哪个区是很重要的。

探讨底层和支撑电极基层的影响,这将影响石墨烯如何排列(即定位,同时也分别考虑这一因素)并决定所观察到的电化学响应(详见第 3 章和参考文献[17])。确保观察到的石墨烯峰电位(电子转移动力学)的改善不是简单由于质量迁移的改变,而是引起了薄层型行为(Ⅲ区,详见第 2 章和第 3 章)。

如果你的石墨烯是在表面活性剂下制备的或者用其来减少凝聚[16, 20-22],则用表面活性剂修饰的电极进行对照实验。这些对照应延伸到将石墨烯悬浮在溶液中采用的溶剂[16, 17, 22]。

考虑杂质(金属、碳等)对电化学性能的影响,并进行适当的对照实验[23,24]。例如,当使用不纯的石墨烯作为起始原料来制备氧化石墨烯及氧化石墨烯还原得到的石墨烯时,金属杂质可能会出现,这些杂质可能来自于使用了含有金属离子的低品质酸[25]。

考虑氧化物对电化学反应的影响,所制备的石墨烯可能具有特定的表面基团,这些基团会引起有益的反应,而不是真正的石墨烯所具备的[16,18]。

如果将石墨烯应用于能量存储领域,需确保选定的电流密度(A/g)是与文献报道值相同的,以使能量存储能力(F/g)可直接比较[26]。

对于可负载金属催化剂的化学气相沉积生长的石墨烯(或在其他情况

下,石墨烯沉积在电活性支撑物表面,由电线连接到石墨烯),需确保底层金属表面(通常为 Ni 或 Cu)不接触溶液,因为这会导致实验数据出现误差。

附录参考文献

[1] The 2010 nobel prize in physics—press release, Nobelprize. org(2012). http://www. nobelprize. org/nobel_prizes/physics/laureates/2010/press. html,2012-02-28.

[2] Graphene—letter from Walt de Heer, Georgia Institute of Technology (2012). http://www. gatech. edu/graphene/,2012-07-30.

[3] IUPAC, Compendium of chemical terminology, 2nd ed. (the "Gold Book"). Compiled by A. D. McNaught, A. Wilkinson (Blackwell Scientific Publications, Oxford, 1997), XML on-line corrected version: http:// goldbook. iupac. org (2006) created by M. Nic, J. Jirat, B. Kosata, updates compiled by A. Jenkins, ISBN 0-9678550-9-8. doi:10. 1351/goldbook

[4] MOCAK J, BOND A M, MITCHELL S, et al. A statistical overview of standard (IUPAC and ACS) and new procedures for determining the limits of detection and quantification: application to voltammetric and stripping techniques (Technical Report) [J]. Pure and Applied Chemistry, 2009, 69 (2):297-328.

[5] THOMPSON M, ELLISON S L R, WOOD R. Harmonized guidelines for single-laboratory validation of methods of analysis (IUPAC Technical Report) [J]. Pure and Applied Chemistry, 2002, 74 (5):835-855.

[6] MOC K J, JANIGA I, R BAROVE. Evaluation of IUPAC limit of detection and ISO minimum detectable value-electrochemical determination of lead [J]. Nova Biotechnologica, 2009(9):91-100.

[7] DEAN R B, DIXON W J. Simplified statistics for small numbers of observations [J]. Analytical Chemistry, 1951,23(4):636-638.

[8] RORABACHER D B. Statistical treatment for rejection of deviant values: critical values of dixon's "Q" parameter and related subrange ratios at the 95% confidence level [J]. Analytical Chemistry, 1991,63 (2):139-146.

[9] AMC Technical Briefs, Royal Society of Chemistry: Standard Additions:

Myth and Reality, 2009(37):1757-1758.

[10] ELLISON S L R, THOMPSON M. Standard additions: myth and reality [J]. Analyst, 2008,133 (8):992-997.

[11] BROWN R J C, GILLAM T P S. Comparison of quantification strategies for one-point standard addition calibration: The heteroscedastic case[J]. Measurement, 2012, 45 (6): 1670-1673.

[12] KELLY W R, PRATT K W, GUTHRIE W F, et al. Origin and early history of Die Methode des Eichzusatzes or The Method of Standard Addition with primary emphasis on its origin, early design, dissemination, and usage of terms [J]. Analytical and Bioanalytical Chemistry, 2011, 400 (6):1805-1812.

[13] CHOW T J, THOMPSON T G. Flame photometric determination of strontium in seawater[J]. Analytical Chemistry, 1955(27):18-21.

[14] CAMPBELL W J, CARL H F. Quantitative analysis of niobium and tantalum in ores by fluorescent X-Ray spectroscopy[J]. Analytical Chemistry, 1954,26 (5):800-805.

[15] HOHN H. Chemische Analysen mit dem Polarographen [M]. Berlin: Verlag Von Julius Springer, 1937.

[16] BROWNSON D A, BANKS C E. Graphene electrochemistry: an overview of potential applications[J]. Analyst, 2010,135 (11):2768-2778.

[17] BROWNSON D A C, MUNRO L J, KAMPOURIS D K, et al. Electrochemistry of graphene: not such a beneficial electrode material? [J]. RSC Advances, 2011,1 (6):978-988.

[18] BROWNSON D A C, BANKS C E. The electrochemistry of CVD graphene: progress and prospects[J]. Physical Chemistry Chemical Physics, 2012,14 (23):8264-8281.

[19] WONG C H A, AMBROSI A, PUMERA M. Thermally reduced graphenes exhibiting a close relationship to amorphous carbon [J]. Nanoscale, 2012,4 (16):4972-4977.

[20] BROWNSON D A C, METTERS J P, KAMPOURIS D K, et al. Graphene electrochemistry: surfactants inherent to graphene can dramatically effect electrochemical processes[J]. Electroanalysis, 2011, 23 (4): 894-899.

[21] BROWNSON D A C, BANKS C E. Graphene electrochemistry: surfac-

tants inherent to graphene inhibit metal analysis[J]. Electrochemistry Communications, 2011,13 (2):111-113.

[22] BROWNSON D A C, BANKS C E. Fabricating graphene supercapacitors: highlighting the impact of surfactants and moieties[J]. Chemical Communications, 2012,48 (10):1425-1427.

[23] BROWNSON D A C, BANKS C E. CVD graphene electrochemistry: the role of graphitic islands[J]. Physical Chemistry Chemical Physics, 2011, 13 (35):15825-15828.

[24] BROWNSON D A C, GÓMEZ-MINGOT M, BANKS C E. CVD graphene electrochemistry: biologically relevant molecules[J]. Physical Chemistry Chemical Physics, 2011,13 (45):20284-20288.

[25] AMBROSI A, CHUA C K, KHEZRI B, et al. Chemically reduced graphene contains inherent metallic impurities present in parent natural and synthetic graphite[J]. Proceedings of the National Academy of Sciences of the United States of America, 2012,109 (32):12899-12904.

[26] BROWNSON D A C, KAMPOURIS D K, BANKS C E. An overview of graphene in energy production and storage applications[J]. Journal of Power Sources, 2011,196 (11):4873-4885.

[27] BROWNSON D A C, BANKS C E. Limitations of CVD graphene when utilised towards the sensing of heavy metals[J]. RSC Advances., 2012, 2 (12):5385-5389.